看圖學巧克力

調溫 · 塑形 · 裝飾

圖解巧克力技巧全書

梅蘭妮·杜普＆安·卡佐 —— 著

韓書妍 —— 譯

皮耶·加維爾 —— 攝影

亞尼斯·瓦胡奇科斯 —— 插圖

獻給我的瑪麗和米朗，
不斷鼓勵我在味覺探索之路上不斷進步。

梅蘭妮的謝詞

感謝皮耶和Orathay在拍攝這些相片時的快樂時光。
感謝Marabout團隊製作此系列的第六本書。

安的謝詞

感謝Scinnov全體團隊、每一位受我們叨擾的巧克力師、我們查閱資料的科學出版品作者，
謝謝你們直接或間接地參與本書的製作。
再次感謝Marabout讓我重拾信心。

皮耶的謝詞

感謝梅蘭妮和Orathay嚴謹專業又不失友善貼心。

艾瑪努的謝詞

感謝la Maison du Chocolat創辦人Robert Linex，將他對「巧克力的藝術」的熱情傳達給我。
感謝身兼Club des Croqueurs de Chocolat創辦人之一、記者、專欄作家、
法國美食編輯的Claude Lebey，教會我「品嚐的藝術」。
感謝Marabout這項充滿巧克力的合作專案。
也感謝我的三個孩子，他們的童年是滿滿的巧克力蛋糕、巧克力慕斯、
巧克力或其他甘納許塔類……這就是所謂的傳承！

非常感謝法芙娜，1922年以來不斷開發生產最優質的巧克力，
為本書的甜點製作提供加勒比海（Caraïbe）、瓜納拉（Guanaja）、
吉瓦那（Jivana）、杜斯（Dulcey）、白巧克力（Ivoire）以及帕林內。

SOMMAIRE

目 錄

如 何 使 用 本 書

基礎
以剖面圖與各項製作方式的詳細解釋認識預備巧克力的重要步驟，
巧克力成形的重要手法，還有甜點的基本食譜。

食譜
應用巧克力的技法，製作糖果、蛋糕與多層蛋糕。
每一份食譜皆會附上基礎篇的對應內容、
幫助了解組成的剖面圖，以及各個步驟的示範照片。

圖解專有名詞
巧克力與甜點的食材運用的精確說明與技巧步驟分解圖，
可幫助讀者進一步了解相關知識。

CHAPITRE 1

LES BASES DU CHOCOLAT

巧克力的基礎

CABOSSE
可可果

大解密

Comprendre

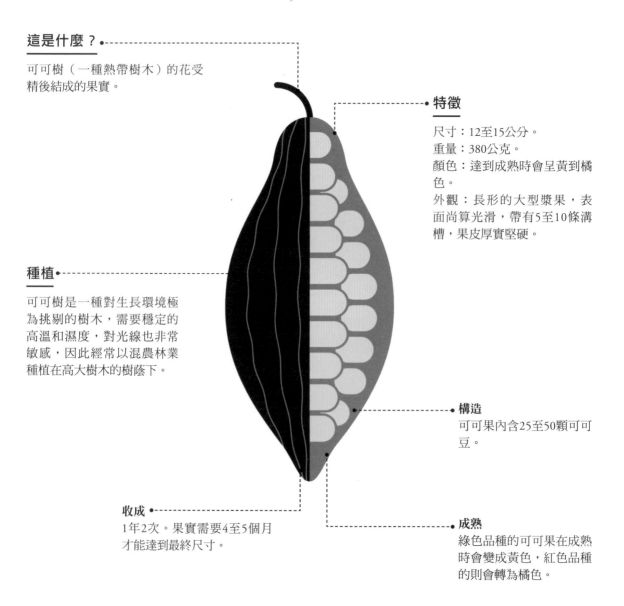

這是什麼？

可可樹（一種熱帶樹木）的花受精後結成的果實。

特徵

尺寸：12至15公分。
重量：380公克。
顏色：達到成熟時會呈黃到橘色。
外觀：長形的大型漿果，表面尚算光滑，帶有5至10條溝槽，果皮厚實堅硬。

種植

可可樹是一種對生長環境極為挑剔的樹木，需要穩定的高溫和濕度，對光線也非常敏感，因此經常以混農林業種植在高大樹木的樹蔭下。

構造

可可果內含25至50顆可可豆。

收成

1年2次。果實需要4至5個月才能達到最終尺寸。

成熟

綠色品種的可可果在成熟時會變成黃色，紅色品種的則會轉為橘色。

FÈVE FRAÎCHE
新鮮可可豆

大解密
Comprendre

這是什麼？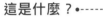

可可樹果實中的種籽。可可籽又稱「可可豆」是指經過發酵程序的種籽。

構造

種籽：新鮮可可豆外面裹著味道酸甜的淺色果肉，稱為果膠層，接著是有一道道突起的外殼，雖然薄卻非常堅固。每一顆種籽都由一層果殼和一個核仁組成。

特徵

尺寸：2至3公分長，1至1.7公分寬，0.7至1.2公分厚。
顏色：粉紅色。

巧克力香氣

新鮮可可豆散發淡淡的天然香氣。在發酵和乾燥過程中，會形成巧克力香氣的前體。烘焙能讓可可豆呈現出最終的巧克力香氣。

巧克力香氣如何在發酵和隨後的烘焙過程中形成？

在可可豆反應的各個處理步驟中，會讓香氣分子形成，使得不同巧克力生成不同的香調。

3 VARIÉTÉS DE CACAO

三種可可

大解密

Comprendre

法里斯特羅 FORASTERO

這是什麼？

世界種植數量最多的
可可樹品種，供給市
場的一般品質，約為
全球產量的80至90%。

特徵

抵抗力很強的品種，
花朵帶紫色。
可可果：偏紅的黃
色，形狀不一，表面
光滑，兩端渾圓。
可可豆：形狀較扁。

原產地

此品種原生於上亞馬遜，
主要生長在南美洲。

風味特色

苦味濃郁，單寧極高
且澀口。香氣濃郁鮮
明。頂級品種：納西
努（nacional），因為
風味細緻與花香特質
而備受推崇。

克里奧羅 CRIOLLO

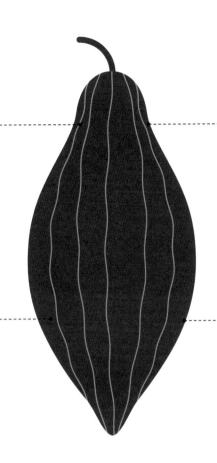

這是什麼？

最高級稀有的可可樹品種，
深得巧克力愛好者的歡心。
產量僅佔全球5%。

原產地

最早由馬雅人在委內瑞拉、
中美洲與墨西哥種植，由委
內瑞拉的殖民者所命名，當
時該國已負有高品質可可豆
生產者的盛名。

特徵

對病蟲害和氣候變化特
別敏感的品種。
可可果：光滑豐碩，呈
長形，兩端尖，偏紅到
黃色。
可可豆：色澤淺、飽
滿，單寧含量極低。

風味特色

苦味淡，香氣極強勁，
單寧和澀味弱。風味
非常優雅纖細。頂級品
種：委內瑞拉的波瑟拉
娜（porcelana）。

千里達（TRINITARIO）

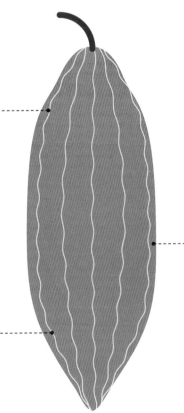

這是什麼？

克里奧羅和法里斯特羅混種
而成的品種，佔全球產量的
10至15％。

風味特色

特性介於前兩個品種之
間，香氣濃郁，也有出
色的細緻度。

原產地

原產於千里達島，依照不同
風土，花朵、可可果和可可
豆的特徵變化多端。

FERMENTATION

發酵

大解密
Comprendre

這是什麼？

發酵是生產者讓可可豆停止發芽的工序，以提升保存能力，並產生香氣。

不同的發酵法

發酵時間的長短依照品種、氣候、可可豆大小與使用方法而各有不同。

可可豆會存放在：
－方法1（最常使用）：木箱內，可容納高達80公斤的可可豆。
－方法2：放入植物纖維編成的籃子裡，以香蕉葉覆蓋。
－方法3：成堆放在香蕉葉上，接著折起葉片完全包裹可可豆。

發酵的時間

平均5至7天。

角色

發酵可去除可可豆外層的果肉，防治種籽發芽，並增添色澤和香氣。

困難處

由種植者依照觀察和自身經驗，以特定標準（可可豆膨脹、氣味等）決定何時停止發酵。

步驟

厭氧發酵（démucilage）：果肉中的糖份會轉化為酒精（酒精發酵）產生熱度。待果肉分解融化後即完成去除果肉。

翻動（brassage）：依照不同品種，持續翻動2至8天，以加速空氣進入可可豆，持續培養微生物。

增加攪拌頻率（libération）：翻拌可可豆使其接觸空氣，有助於微生物生長，刺激有氧發酵，可將酒精轉換成醋酸。可可豆吸收醋酸後，即開始酶反應（醋酸發酵）。

發酵扮演什麼角色？

透過不同的反應，發酵可以去除可可豆外層的果肉，阻斷種籽發芽，並帶來色澤與香氣。

可可豆的加工

大解密
Comprendre

乾燥

這是什麼？

生產者在可可豆發酵後，將豆子曝曬乾燥的工序。

時間

8至15天。

原則

發酵後，可可豆放在木板或編織板上曬乾，並利用耙子定時翻面。水分含量會從80%降至5％。乾燥後的可可豆會裝入65公分寬的麻布袋。

為什麼要讓可可豆透氣？

定時翻動可可豆能確保均勻乾燥，並且可終止發酵反應，有利於接下來的保存。

去殼

這是什麼？

巧克力商分離可可豆的外殼的工序。

原則

乾燥後的可可藉由機械輾壓機大略壓碎，去除不可食用的外層。

烘焙

烘焙機（torréfacteur）

烘焙可可豆會使用不斷轉動的滾筒式機器。持續滾動能讓可可豆均勻烘焙也不會燒焦，和咖啡豆的原理一樣。

這是什麼？

巧克力商烘烤可可豆的工序，以殺死微生物，降低其中的水分含量（從7%降至2.5％），有助於分離外殼和核仁、清除黴菌，並繼續減少濕度，透過包括梅納反應與焦糖化等各種化學反應，形成香氣。

原則

乾燥後的可可藉由機械輾壓機大略壓碎，去除不可食用的外層。

BROYAGE
研磨

大解密
Comprendre

這是什麼？

巧克力商減低可可豆粒度的工序，
先是打成碎片、碎粒，最後會研磨
成細緻的膏狀，也就是可可膏。

原則

可可豆放入研磨機，然後進入研磨
精煉機中，透過機械化工法降低粒
度，依照所需的最終成品，直到達
到預定的細緻度為止。
可可膏可與其他原料（糖，有時也
加入牛奶）混合，直到製成均勻的
膏狀。藉由研磨精煉機，可可膏的
粒度還可以變得更細緻，甚至可達
到20至25公釐之間的大小。

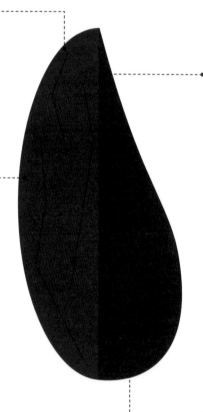

3種研磨法

傳統法
烘焙後的可可豆以高溫研磨，直
到形成粗粒的可可膏，又稱可可
塊或可可漿。

較近期的作法
可可豆略為加濕並乾燥後，去
殼才研磨成碎粒，稱為生碎粒
（grué vert）。先烘焙接著才細
細研磨，製成可可塊或可可漿。

較細緻的研磨法
可可豆略為加濕並乾燥後，去殼
才研磨成碎粒，稱為生碎粒，先
經過研磨然後烘焙。這個方法可
將粒度降低到在味蕾上幾乎無法
察覺的程度，能製出柔潤絲滑的
品嚐質地。

機器

研磨精煉機是研磨碎片的機器，
並能精煉成膏狀。機器中有2片
花崗岩製成的磨盤，底部也以花
崗岩構成，不停地碾壓可可膏，
以生成粒度介於20至30之間的細
膩質地。

可可塊的細緻度對巧克力的品質有什麼影響？

研磨是製程中特別關鍵的步驟，因為可可塊的細緻度是巧克力品
質的重要特色。

CONCHAGE
研拌

大解密

Comprendre

這是什麼？

巧克力商執行的工序，賦予可可膏更絲滑的質地，使風味更細緻。研拌也能去除不討喜的揮發性氣味，尤其是酸味。

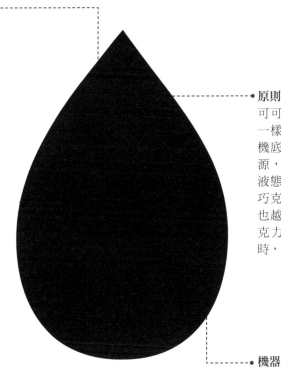

原則

可可塊倒入大槽，像擀麵棍一樣以滾筒來回攪拌。研拌機底部的花崗岩板下方有熱源，可加熱巧克力使其保持液態，確保研拌均勻一致。巧克力研拌時間越長，質地也越絲滑，風味越濃郁。巧克力商會研拌巧克力72小時，以得到最佳效果。

機器

1879年，瑞士人魯道夫・蓮（Rodolphe Lindt）發明去酸精煉機。今日使用的機型與最初的機器非常相似，皆具備一個圓底大槽，花崗岩底部由下方加熱，金屬滾筒可確保持續研拌。

為何質地會產生變化？

研拌時能研磨可可粒子的角度。變得圓潤的粒子可增進巧克力的流動性，使其變得滑順富光澤。此時也會釋放出可可脂，帶來濃醇感。

MASSE · POUDRE

可可塊 · 可可粉

大解密

Comprendre

可可塊

這是什麼？

研磨可可豆後得到的原料，巧克力商會在其中加入其他食材（糖、香草等等），製成巧克力。可可塊又稱為「可可漿」或「可可膏」。

角色

可可塊賦予巧克力特有的香氣與獨特風味。

可可粉

這是什麼？

可可樹的可可豆核仁經發酵後研磨製成的產品。這些粉末非常細緻，脂肪含量極低。可可粉是壓榨而成的，也就是壓榨後剩下的厚達數公分的渣餅，脂肪含量僅有10至20%。研磨再細細壓成粉末後，就成為可可粉。

角色

這是所有巧克力風味的基礎：餅乾、冰淇淋、乳製品、糖果等等。也是生產巧克力抹醬的原料。

理想的可可粉應該有什麼特徵？

可可粉必須具備上色力和香氣（取決於可可豆和烘焙）以及研磨的細緻度。

可可的「%」是什麼意思？

這是用來表示其中所含的可可豆總量。70%可可含量的巧克力表示含有70%可可塊與30%糖。

BEURRE DE CACAO

可可脂

大解密

Comprendre

這是什麼？

從可可塊提取出來的
油脂。

用途是什麼？

可可脂會影響巧克力的最
終質地。依照不同配方，
含量也不一樣。

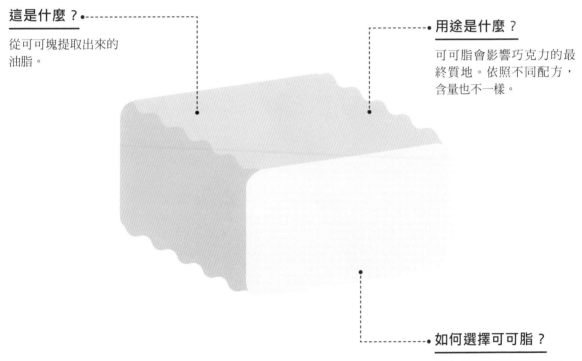

如何選擇可可脂？

優先選擇鈕扣形可可脂，
較便於秤重和融化。

可可脂融化時會發生什麼事？

固體可可脂由不同類型的結晶構成，每一種結晶的融化溫度不盡
相同。調溫的時候，會將巧克力調整至特定溫度，保留想要的結
晶，並使其他結晶消失。

SUCRE

糖

大解密

Comprendre

如何選擇糖的種類？

蔗糖：無特殊味道（大部分巧克力選用蔗糖）。
椰糖：無特殊味道，升糖指數低。
蛋黃果粉：無特殊味道，升糖指數低。

這是什麼？

萃取自甘蔗或甜菜根的產物。

角色

糖是巧克力的第二大原料，可使苦味柔和，並讓可可豆的天然強勁風味變得美味迷人。

VANILLE · LAIT
香草 · 牛奶

大解密
Comprendre

香草 •--------------------

這是什麼？

辛香料，來自香莢蘭屬
（Vanilla）中的部分熱帶攀緣蘭
花的果實。

角色

香草是某些經典巧克力配方的
成分，但並非必要。香草可增
添香氣，使滋味更溫和。黑巧
克力中不含有香草，不過卻是
白巧克力的重要成分。

牛奶

這是什麼？

取自母牛的產物，87%為
水分，4%為脂質。市面
上也有以山羊或綿羊奶製
成的巧克力。

角色

製作牛奶巧克力（約30%
）和白巧克力（約14%）
的主要原料，可增添濃郁
感和溫潤風味。

CHOCOLAT NOIR
黑巧克力

大解密

Comprendre

成分

黑巧克力含有至少35%可可，至少18%可可脂與14%非脂可可固形物。

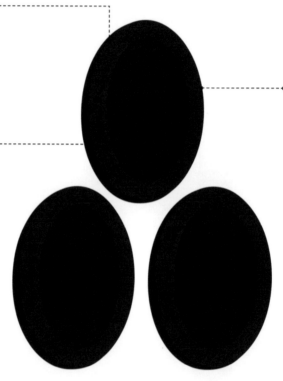

品嚐

－可可含量低於65%的巧克力味道較甜，常見於烘焙用「甜點巧克力」。

－可可含量為65或70%的巧克力味道較苦，可用於料理（烘焙）或品嚐。

－可可含量80%的巧克力較具個性，苦味較明顯，質地較不滑潤。

－可可含量90到100%的巧克力味道極苦，最好以小份量享用。

熱量

－3塊可可含量70%的黑巧克力可提供：160大卡、12公克脂肪（其中7公克為飽和脂肪）、8公克糖、2至4公克纖維。

－3塊可可含量85%的黑巧克力可提供：熱量相同、脂肪含量較高（14公克）、糖份較少（4公克）、2至4公克纖維。

可可含量的百分比是品質的代名詞嗎？

巧克力中的可可含量百分比和品質毫無關係。巧克力的品質取決於眾多因素，不過最重要當屬可可豆的品種，以及加工過程的用心程度。越來越多巧克力商讓加工過程和原料透明化。

為什麼巧克力會變白？

巧克力的成分包含脂肪結晶，這些結晶會形成還算穩定的不同型態。若巧克力變白，這是由於其中的結晶不穩定，隨著時間過去，結晶浮上表面，導致生成霜花。

小提醒

製作含有黑巧克力和鮮奶油的甘納許（或慕斯）時，脂肪有可能凝結形成顆粒。此時可少量多次加入牛奶，直到質地恢復滑順。

AU LAIT・BLANC
牛奶巧克力
白巧克力

大解密

Comprendre

牛奶巧克力 •------------

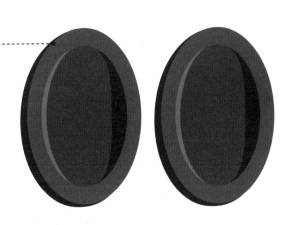

成分

必須含有25到40%的可可。油脂比黑巧克力少，但甜度較高。特級牛奶巧克力必須至少含有40%可可、30%奶粉，以及30%糖。

品嚐

優質的牛奶巧克力呈現漂亮的淺褐色，咬下時要清脆斷裂而且入口即化，帶有牛奶的溫潤風味與糖的甜蜜滋味。

•---- ### 白巧克力

成分

白巧克力不含可可，僅使用至少20%可可脂、14%奶粉，以及55%糖製作，並含有香草。

品嚐

外觀呈象牙白，帶有奶香與甜味。

為什麼牛奶巧克力和白巧克力比黑巧克力軟？

這兩種巧克力的成分不同，因此影響其質地。白巧克力的可可脂含量較高，帶來白巧克力特有的質地。黑巧克力的可可脂含量較低，因此質地較脆硬。

MISE AU POINT
調溫

大解密

Comprendre

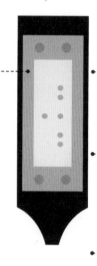

這是什麼？

又稱為「預結晶」或「調溫」。此步驟是讓巧克力經受溫度曲線，使其融化和加工（travailler），並在結晶後展現風味與美感。

調溫黑巧克力

1. 介於55至58°C時融化。
2. 降溫至28和29°C。
3. 升溫至31至32°C。

調溫白巧克力

1. 介於45至48°C時融化。
2. 降溫至26和27°C。
3. 升溫至28至29°C。

調溫牛奶巧克力

1. 介於45至48°C時融化。
2. 降溫至27和28°C。
3. 升溫至29至30°C。

調溫的用意是什麼？

這個步驟可使經過調溫（*travaillé*）的巧克力保持清脆度、入口即化，以及絲緞般的閃亮外觀。成功的調溫可讓巧克力更穩定，對濕度和熱度較不敏感。

調溫時會發生什麼事？

調溫就是讓整塊巧克力變成微小結晶。

調溫的步驟包括第一次降溫形成穩定和不穩定的結晶。再度升溫時，就能去除不穩定的結晶，只留下穩定的結晶。

準備工具

想讓調溫過程保持乾淨，就要稍微打濕工作檯使保鮮膜能夠貼合，並以保鮮膜覆蓋整個工作檯。最後清潔時，只要揭去保鮮膜即可。在隔水加熱的調理盆和鍋子旁預備一條擦碗布，用來墊在圓底調理盆下方，如此可避免水分噴濺。將裝有已預結晶巧克力的調理盆放在塔圈上，可在調溫過程中保持調理盆穩定，也能讓巧克力較慢冷卻。

融化

此步驟可融化所有脂肪分子。

降溫

靜置法是最簡單的作法，也就是讓融化的調溫巧克力自然降溫。

依照所選用的巧克力（見對頁），在調溫巧克力達到融化溫度時移開調理盆，靜置於室溫冷卻，直到降至調溫的溫度。

要加快此過程，可將調理盆浸入冷水，隔水降溫，注意水位必須達到巧克力的高度。不時以矽膠刮刀混合以維持溫度均勻一致。注意不可在攪拌時讓水濺入巧克力。

再度升溫

以熱水隔水加熱，重新提高溫度。

使用與維持溫度

使用巧克力時要定時確認其溫度：降低超過使用溫度的2°C時，必須以熱水隔0水加熱回復溫度，每次加熱10秒，以免溫度過高。

FONTE
融化

大解密

Comprendre

這是什麼？

讓巧克力從固態（小塊狀）轉為液態的作用。

製作所需器材

砧板
鋸齒刀
隔水加熱
可微波圓底調理盆

建議

使用隔水加熱法時，要注意裝有巧克力的容器不可碰到鍋底或水，否則可能會使巧克力過熱。隔水加熱是利用水蒸氣使巧克力融化。將巧克力切成均勻的小塊，或使用巧克力鈕扣。

方法

隔水加熱（見276頁）：鍋中倒入熱水至半滿，將盛裝巧克力的調理盆放在裝熱水的鍋上。讓巧克力慢慢融化，一邊以矽膠刮刀混合，使質地均勻。

微波爐：將巧克力放入可微波的調理盆，以500W加熱1分鐘，並以矽膠刮刀攪拌。每次30秒，分多次重複此步驟，並依照選用的巧克力類型（見24頁）調整溫度。

TABLAGE 預結晶法①
大理石調溫法

大解密
Comprendre

這是什麼？

巧克力融化後，將之調整至最佳溫度的加工法。

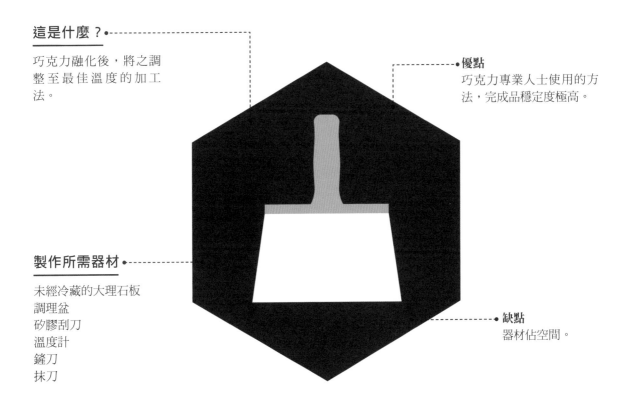

優點

巧克力專業人士使用的方法，完成品穩定度極高。

製作所需器材

未經冷藏的大理石板
調理盆
矽膠刮刀
溫度計
鏟刀
抹刀

缺點

器材佔空間。

建議

不要使用會過度保溫的不鏽鋼板，也不要使用經過冷藏的大理石板，後者濕度過高且溫度過低，會導致巧克力不可逆地變稠。調溫巧克力融化後，取3/4到在工作檯上。使用鏟刀以抹開再刮回的方式混合巧克力，並利用抹刀維持所選用的巧克力（見24頁）溫度穩定。以溫度計時時確認溫度。

將巧克力放入調理盆，接著倒入1/2預留的溫熱調溫巧克力，避免太快冷卻，混合均勻。少量多次加入其餘的溫熱調溫巧克力，直到達到理想的調溫溫度（見25頁）。

ENSEMENCEMENT 預結晶法②
種子調溫法

大解密
Comprendre

這是什麼？

巧克力融化後,將之調整至最佳溫度的加工法。

製作所需器材

調理盆
矽膠刮刀
溫度計

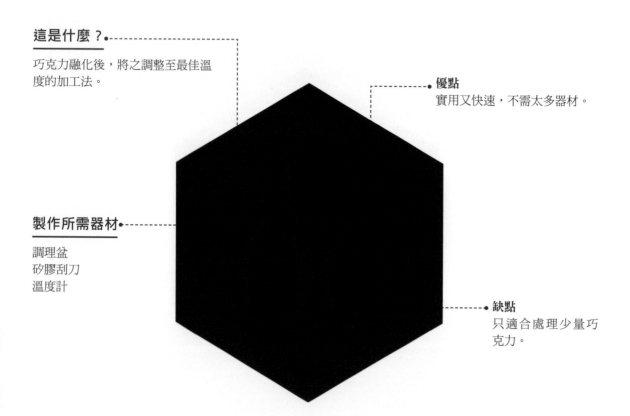

優點

實用又快速,不需太多器材。

缺點

只適合處理少量巧克力。

方法

調溫巧克力融化後,加入總量30%的巧克力鈕扣,以矽膠刮刀不斷攪拌使巧克力鈕扣散佈其中,使選用的巧克力(見24頁)達到均勻一致的溫度。
測量溫度,少量多次加入巧克力鈕扣,直到達到選用巧克力(見25頁)的理想溫度。

什麼是種子法？

種子法是利用巧克力鈕扣中處於穩定狀態的可可脂分子的特性,將穩定的分子散佈在融化巧克力中。只有穩定的結晶才會成形,有如播種的手法。

靜置

大解密

Comprendre

這是什麼？

巧克力融化後，將之調整
至最佳溫度的加工法。

優點

不需太多器材。

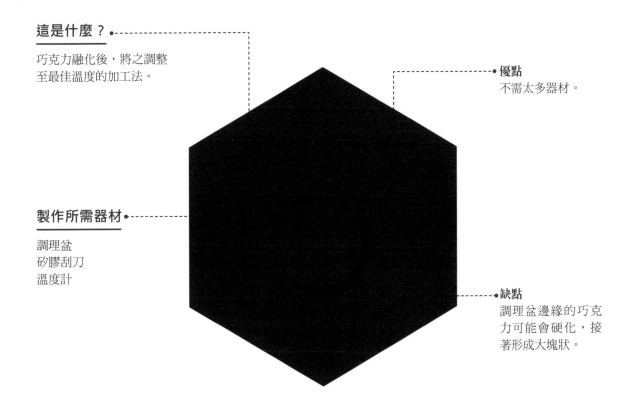

製作所需器材

調理盆
矽膠刮刀
溫度計

缺點

調理盆邊緣的巧克
力可能會硬化，接
著形成大塊狀。

方法

選用的調溫巧克力（見24頁）達
到融化溫度後，移開調理盆，靜
置室溫，使其降溫至適合加工的
溫度。

若要加快降溫過程，可將調理盆
隔水放入冷水，注意外盆的冷
水要與內盆的巧克力高度相同。

使用矽膠刮刀混合，維持溫度均
勻。

注意攪拌時不可讓水濺入巧克
力，要避免這點，可在裝有冷水
的調理盆底部放置一個塔圈，使
內盆穩定。接著利用熱水的隔水
加熱重新加溫。

美可優®

大解密

Comprendre

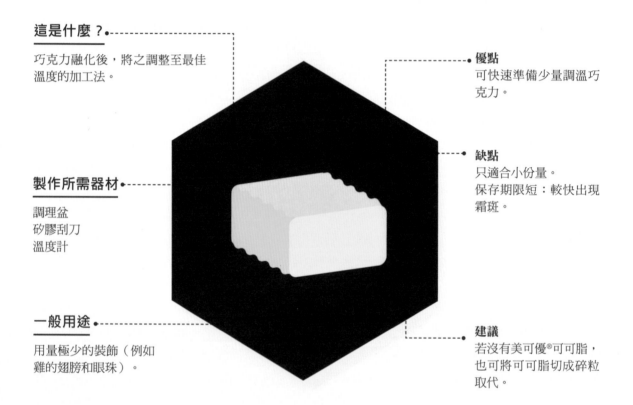

這是什麼？

巧克力融化後，將之調整至最佳溫度的加工法。

製作所需器材

調理盆
矽膠刮刀
溫度計

一般用途

用量極少的裝飾（例如雞的翅膀和眼珠）。

優點

可快速準備少量調溫巧克力。

缺點

只適合小份量。
保存期限短：較快出現霜斑。

建議

若沒有美可優®可可脂，也可將可可脂切成碎粒取代。

方法

先以隔水加熱法融化調溫巧克力，當剩下1/10尚未融化的巧克力鈕扣時，調理盆移開鍋子，此時調溫巧克力約在40℃。攪拌混合直到所有巧克力鈕扣融化，使調溫巧克力降至35℃。加入美可優®可可脂，以矽膠刮刀輕輕混合，讓美可優®裹滿巧克力。依照選用的巧克力（見24頁），使其降至可加工的溫度。

美可優可可脂在巧克力中扮演什麼角色？

此處使用美可優®做為調溫的種子。加入這些可可脂能帶來穩定的結晶，形成預結晶。

維持溫度和使用

大解密

Comprendre

這是什麼？

讓調溫巧克力維持或重新加熱至
適當溫度的工法。

製作所需器材

鍋子
溫度計

建議

若高於使用溫度，就必須從頭開
始調溫。

方法1：使用隔水法加溫巧克
力，依照所選用的巧克力，不
時將調理盆從鍋上移開以控制溫
度。此處必須注意，因為即使離
水後，調理盆中的巧克力溫度仍
會繼續升高。

方法2：保留一些熱的調溫巧克
力，使用中的調溫巧克力溫度降
低時可加入前者提高溫度。

方法3：使用調溫機，可讓調溫
巧克力維持在理想溫度。

披覆夾心巧克力

大解密
Comprendre

這是什麼？

製作披覆夾心巧克力的方法。

困難處

調溫巧克力的預結晶
披覆糖果

製作所需時間

準備：2小時
靜置：12小時（甘納許）、48小時（巧克力結晶）

製作所需技法

巧克力預結晶（見24頁）
塗刷防沾巧克力（見273頁）
移去框模（見273頁）
結晶（見24頁）

製作所需器材

15×15公分框模
溫度計
巧克力用膠片
巧克力浸叉

製作流程規劃

前一天：甘納許
當天：浸入

為什麼甘納許浸入調溫巧克力時不會融化？

甘納許在17°C時浸入28~35°C的調溫巧克力。兩者之間的溫差並不會導致甘納許融化，或者僅在表面有極些微的融化。

建議

糖果浸入巧克力後，將剩餘的巧克力倒在烘焙紙上，變硬後就能乾燥儲藏。可用於製作巧克力慕斯、巧克力甘納許，或是熔岩巧克力蛋糕。不可再次調溫，巧克力會失去流動性。在甘納許底部與上方塗刷防沾巧克力，可讓披覆過程更容易操作。

方法

1. 取200公克披覆用的調溫巧克力進行預結晶（見24頁）。烤盤鋪巧克力用膠片，用刷子塗刷（見273頁）一層薄薄的預調溫巧克力，接著放上框模。

2. 製作甘納許，達到理想溫度後將之倒入框模：調溫黑巧克力為35℃，牛奶巧克力是32℃，白巧克力則為27/28℃。抹平後置於15~17℃處12小時使其結晶。

3. 將其餘的調溫巧克力進行預結晶。甘納許移去框模（見273頁）。使用抹刀在表面塗刷防沾巧克力。

4. 塗刷層完全冷卻前，用主廚刀將甘納許切成喜歡的大小。

5. 取一塊甘納許放入調溫巧克力。

6. 用巧克力浸叉將甘納許，由下至上披覆調溫巧克力，然後取出，使調溫巧克力附著在甘納許上，避免放上膠片時在底部凝積。置於15-17℃處48小時使其結晶，確保所有脂肪完全結晶。

MOULER UNBONBON
注模夾心巧克力

大解密
Comprendre

這是什麼？

使用模具製作糖果的技法。

困難處

巧克力的預結晶

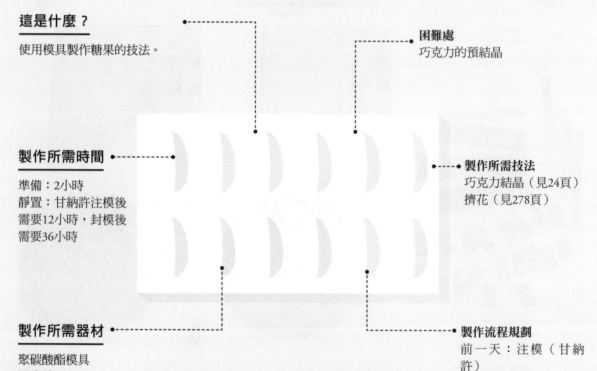

製作所需時間

準備：2小時
靜置：甘納許注模後
需要12小時，封模後
需要36小時

製作所需技法

巧克力結晶（見24頁）
擠花（見278頁）

製作所需器材

聚碳酸酯模具
溫度計
巧克力用膠片
矽膠刮刀或鏟刀

製作流程規劃

前一天：注模（甘納許）
當天：封模
兩天後：脫模

建議

仔細檢查模具的潔淨度，擦拭凹模處，去除所有水漬和油漬等痕跡。注意不要留下指紋。操作過程中拿取模具邊緣處，避免手部觸及凹模，因為體溫高於調溫巧克力的使用溫度，可能導致結晶後出現霜斑。製作每一層的間隔時間不要太長，使巧克力緊密黏結，品嚐時才不會出現分層感。

訣竅

使用噴槍在模具噴上第一層巧克力。理想的靜置時間為48小時，不過4至6小時後即可脫模。若脫模過程不順利，可將模具冷凍15分鐘。

1. 取2/3份量的披覆用調溫巧克力進行預結晶（見24頁）。用乾燥的刷子在模具內薄塗一層調溫巧克力，靜置數分鐘待其開始凝固。

2. 用勺子填滿每一格模具，並以刮刀柄輕敲模具邊緣，排出氣泡。

3. 將模具在裝有調溫巧克力的調理盆上翻面，輕敲邊緣以去除多餘的巧克力。倒置斜放模具，使多餘的巧克力流入盆內。

4. 調溫巧克力開始凝固時，以鏟刀或刮刀刮去模具上的巧克力。若巧克力太薄，可按照步驟3和4的方法注模第二層。靜置約2小時使其凝固。利用這段時間，是個人喜好製作軟質或半液態內餡，並使其降溫至27℃。用擠花袋將內餡填入（見278頁）模具至距離邊緣0.2-0.3公分滿。靜置在15到17℃處10-12小時使其結晶（見24頁）。

5. 結晶完成時，剩餘的調溫巧克力進行調溫，以封起糖果：用調溫巧克力裝滿模具剩下的空間，輕敲刮平，然後放上一張巧克力用膠片。用鏟刀整平後，靜置室溫（15到17℃最理想）48小時結晶。

6. 輕輕扭轉模具，倒扣輕敲邊緣即可脫模。

DÉCORER UN BONBON
裝飾糖果

大解密

Comprendre

巧克力呈現霧面代表品質不佳嗎？

不是，這只是因為巧克力未經過合適的調溫曲線。這種巧克力並不會不好吃，不過較容易在手上融化，存放時也較容易出現霜斑。

1

2

4

5

6

1 叉子

披覆後,將糖果放在膠片上,立刻以巧克力浸叉的叉齒輕輕碰觸糖果,移開後就會形成富裝飾性的痕跡。靜置結晶。

2 擠花袋

糖果結晶後,製作小擠花袋(見274頁),填裝融化的調溫巧克力,快速在糖果上擠出線條狀巧克力,靜置令裝飾結晶。

3 撒料

披覆後,在糖果上放一小撮壓碎的辛香料或堅果,靜置結晶。

4 金箔

披覆後,以鑷子私取小片金箔放上糖果,靜置結晶。

5 刷飾

取70公克調溫白巧克力、10公克可可脂、1小撮脂溶性食用色素,製作裝飾用巧克力糊。用刷具在每一格模具內塗上裝飾用巧克力糊,接著進行調溫巧克力的披覆。

巧克力裝飾

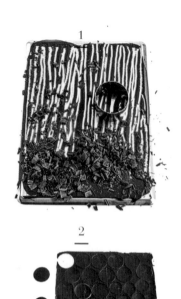

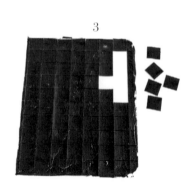

1 巧克力屑

取150公克調溫巧克力進行預結晶（見24頁），倒在烤盤背面，用抹刀抹成薄薄一層。靜候數分鐘，巧克力開始凝固時，使用慕斯圈模或圓形切模，刮出木屑造型的巧克力。

2 巧克力圓片

取150公克調溫巧克力進行預結晶（見24頁），倒在巧克力用膠片上，用抹刀抹成薄薄一層。靜候數分鐘，巧克力開始凝固時，使用直徑不同的慕斯圈模或圓形切模切出圓片。圓片上放烘焙紙後壓上烤盤，以免圓片在結晶過程中因為

調溫巧克力收縮而捲曲。

3 巧克力方片

取150公克調溫巧克力進行預結晶（見24頁），倒在巧克力用膠片上，用抹刀抹成薄薄一層。靜候數分鐘，巧克力開始凝固時，用直尺和廚房小刀，將巧克力切割成3公分寬的長條狀，接著切成同樣寬度的正方形。在巧克力方片上放烘焙紙後壓上烤盤，以免方片在結晶過程中因為調溫巧克力收縮而捲曲。

4 可可碎粒圓片（厚＆薄）

取150公克調溫巧克力進行預結晶（見24頁），倒在巧克力用膠片或Rhodoïd®

塑膠圍邊上，用抹刀抹成薄薄一層。撒上可可碎粒，靜候數分鐘。巧克力開始凝固時，使用直徑不同的慕斯圈模或圓形切模切出圓片。也可在擠花袋中（見278頁）填裝調溫巧克力，在膠片或Rhodoïd®塑膠圍邊上擠出想要的圓片大小，輕敲膠片使調溫巧克力攤平。

5 蛋糕圍邊

烤盤放入冷凍庫約30分鐘。以約40℃的熱水隔水融化巧克力。從冷凍庫取出烤盤，接著以抹刀迅速在烤盤上抹出一層薄薄的巧克力。利用廚房小刀和直尺切割出所需尺寸的帶狀，用刀子小心取下巧克力，立刻圍在多層蛋糕邊上。

巧克力裝飾

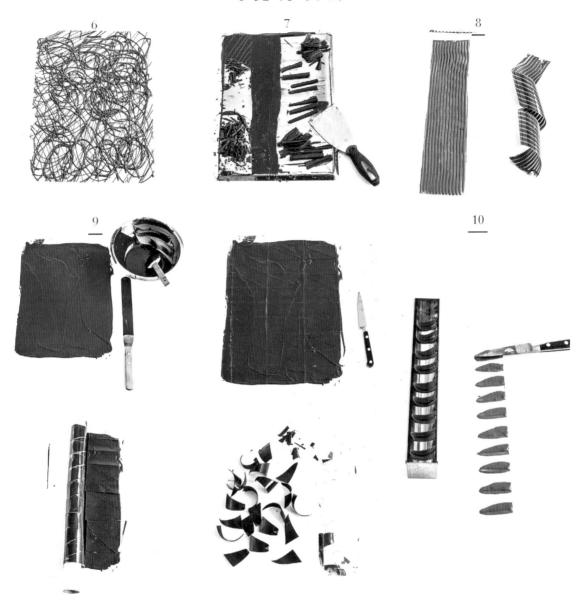

6 網狀效果裝飾

取150公克調溫巧克力進行預結晶（見24頁），裝入擠花袋後剪一個小洞，在巧克力用膠片上擠出交錯的圓圈（見278頁），靜置結晶（見25頁）後，剁成片狀裝飾。

7 煙捲和小扇形

取150公克調溫巧克力進行預結晶（見24頁），倒在烤盤背面，用抹刀抹成薄薄一層。靜候數分鐘，巧克力開始凝固時，使用鏟刀刮數公分製作出煙捲造型。也可稍微改變角度，先沿著短邊劃出紋路，然後刮成木屑狀。

8 巧克力螺旋

取150公克調溫巧克力進行預結晶（見24頁），倒在巧克力用膠片或Rhodoïd®塑膠圍邊上，用抹刀抹成薄薄一層。拿取塑膠片兩端，以鋸齒刮板從遠端往自己拉，製作出條紋。捲繞起膠片創造出螺旋效果，膠片兩端以重物固定，使巧克力凝固在過程中膠片不會打開。

9 狼牙

取150公克調溫巧克力進行預結晶（見24頁），倒在巧克力用膠片上，用抹刀抹成薄薄一層。靜候數分鐘，巧克力開始凝固時，用直尺和廚房小刀，先切出

寬8公分的帶狀，接著沿長邊切出寬3公分的長方形，最後沿著小長方形的對角線斜切成三角形，上方鋪烘焙紙，並以烤盤加壓，避免調溫巧克力在結晶過程中因收縮而捲曲。

10 巧克力羽毛

取150公克調溫巧克力進行預結晶（見24頁），浸入廚房小刀的刀刃，接著讓巧克力沾在長條形的膠片或Rhodoïd®塑膠圍邊上。稍微提起刀刃0.2公分，往自己的方向輕拉以做出羽毛造型。膠片放入圓模中定型。

PRALINÉ 50% & GIANDUJA
50%帕林內 & 占度亞

大解密
Comprendre

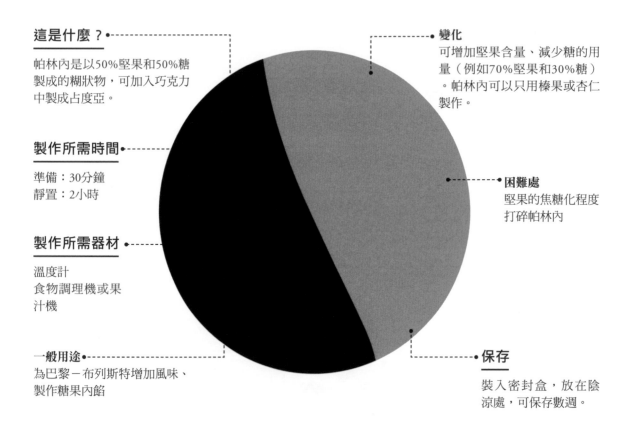

這是什麼？

帕林內是以50%堅果和50%糖製成的糊狀物，可加入巧克力中製成占度亞。

製作所需時間

準備：30分鐘
靜置：2小時

製作所需器材

溫度計
食物調理機或果汁機

一般用途

為巴黎－布列斯特增加風味、製作糖果內餡

變化

可增加堅果含量、減少糖的用量（例如70%堅果和30%糖）。帕林內可以只用榛果或杏仁製作。

困難處

堅果的焦糖化程度
打碎帕林內

保存

裝入密封盒，放在陰涼處，可保存數週。

為什麼要烘烤堅果？

烘烤可降低堅果中的水分含量，並增加香氣。

建議

依照調理機的強度，少量多次打碎帕林內。若帕林內開始變熱，必須靜候數分鐘。煮焦糖的時候為了避免燒焦，要不時將鍋子離火，充分攪拌。

訣竅

使用新鮮的堅果，讓帕林內可長時間保存也不會氧化散發油臭味。若要檢查堅果是否熟透，可將之剖成兩半，內部必須呈金黃色。

… 動 手 做 …

製作600公克帕林內

去皮杏仁150公克
榛果150公克
糖300公克
水120公克

製作320公克占度亞

帕林內200公克
可可含量66%調溫黑巧克力120公克

帕林內

1. 烤箱預熱至170℃。烤盤鋪烘焙紙，放上杏仁和榛果，放入烘烤15至20分鐘。
2. 鍋中加水，接著放入糖，使用四段式感應爐以第三段火力加熱。沸騰後放入溫度計，不可碰到鍋底或鍋邊，煮至110℃。
3. 達到110℃後，鍋子離火，加入烘烤過的堅果。以矽膠刮刀混合至糖結晶。放回爐上，以中火加熱並不停攪拌，煮至附著

在堅果上的結晶糖焦糖化。
4. 立刻將焦糖堅果倒在鋪烘焙紙的烤盤上，盡可能不重疊，靜置冷卻至室溫。稍微壓碎後放入裝有刀片的食物調理機，攪打至滑順的糊狀。倒入盒中。

占度亞

1. 以隔水加熱法融化巧克力（見276頁）。
2. 巧克力與帕林內混合。立即使用，或鋪平在烘焙紙上，待變硬後做其他用途。

GANACHE CRÉMEUSE
奶霜甘納許

大解密
Comprendre

這是什麼？

以英式蛋奶醬和巧克力製成。

製作所需時間

準備：20分鐘

製作所需器材

溫度計
錐形網篩

一般用途

多層蛋糕和馬卡龍
夾心

困難處
英式蛋奶醬的熟度

製作所需技法
打發蛋黃（見281
頁）
過濾（見276頁）

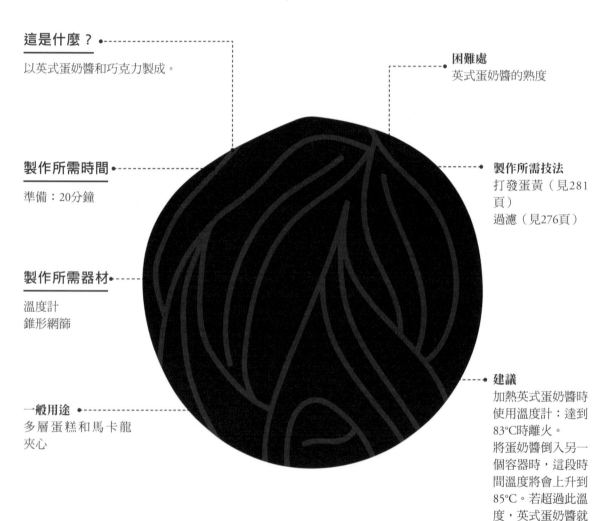

建議
加熱英式蛋奶醬時
使用溫度計：達到
83°C時離火。
將蛋奶醬倒入另一
個容器時，這段時
間溫度將會上升到
85°C。若超過此溫
度，英式蛋奶醬就
會開始結塊；立即
過篩，以手持攪拌
棒攪打混合。

為什麼溫度太高時英式蛋奶醬會結塊？

蛋奶醬含有雞蛋的蛋白質，溫度過高時，蛋白質會凝結，導致蛋
奶醬結塊。

製作450公克甘納許

可可含量（至少）60%黑巧克力
150公克
蛋黃50公克（3至4個蛋黃）
糖50公克
牛奶250公克

1. 蛋黃加糖打發至顏色變淺（見281頁）。

2. 牛奶煮至沸騰，即將溢出時，將一半的牛奶倒入蛋糖糊，以打蛋器攪拌。攪拌均勻後，蛋奶糊到回鍋中與剩餘的牛奶混合。

3. 以中火繼續加熱，並不斷以矽膠刮刀攪拌，直到蛋奶糊可裹著刮刀（85℃）。

4. 離火，立刻加入巧克力混合，然後以手持攪拌棒攪打均勻。將整體過濾（見276頁），保鮮膜直接貼附表面，冷藏保存至使用前。

GANACHE MONTÉE BLANCHE
打發白色甘納許

大解密
Comprendre

這是什麼？
以巧克力調味的打發鮮奶油，加入膠質後乳化。

製作所需時間
準備：15分鐘
靜置：冷藏至少6小時，24小時最佳

製作所需器材
電動打蛋器
攪拌機葉片

一般用途
裝飾多層蛋糕、馬卡龍、塔類

變化
以150公克牛奶巧克力取代150公克白巧克力。

困難處
打發但不出現顆粒感

製作所需技法
吉利丁泡水軟化（見277頁）
打發但不出現顆粒感（見280頁）

製作流程規劃
前一天：製作甘納許
當天：打發甘納許

為什麼甘納許會出現顆粒？

如果甘納許在打發前沒有充分冷藏，可能會在攪拌機中升溫，使吉利丁融化。吉利丁融化便無法扮演穩定劑的角色，因此甘納許會出現顆粒。

為什麼打發甘納許是霧面的？

甘納許變成霧面有兩個原因：白巧克力結晶，以及空氣進入甘納許。

建議
甘納許的巧克力含量越高，質地也會越濃稠。若甘納許的巧克力含量較低，僅需加熱一半的鮮奶油，另一半冰涼倒入即可；須盡快使用。甘納許打發前必須充分冷藏，避免出現顆粒。

製作350公克甘納許

液態鮮奶油（乳脂肪含量30%）230
公克
吉利丁2公克
白巧克力150公克

1. 吉利丁放入冰水中泡軟（見277
   頁）。

2. 鮮奶油加熱至沸騰，離火放入
   吉利丁。充分混合後淋在白巧
   克力上。靜候1分鐘，接著以打
   蛋器混合均勻。將巧克力糊倒
   入盒子裡，保鮮膜直接貼附表
   面，冷藏靜置至少6小時，隔夜
   更理想。

3. 桌上型攪拌機裝葉片，將充分
   冷藏的甘納許倒入攪拌缸，以
   四分之一，甚至一半強度的段
   速打發。攪打至甘納許變成霧
   面。

APPAREIL À BOMBE

炸彈蛋糊

大解密
Comprendre

這是什麼？

以蛋黃和糖漿製成，可使慕斯
變輕盈。

一般用途
奶霜、巧克力慕斯、水果慕斯

製作所需時間

準備：15分鐘

困難處
糖的加熱程度
加入糖漿

製作所需器材

溫度計
電動打蛋器

製作所需技法
製作糖漿（見282頁）

製作流程規劃
蛋－糖漿－混合

為什麼製作糖漿時要清潔鍋子內壁？

鍋子內壁必須保持乾淨，避免糖結晶化。若出現雜質，糖就可能
沿著鍋子內壁整圈結晶，形成塊狀。

建議
糖漿沸騰後不可攪拌，以免使其
結晶。
變化
可用全蛋取代蛋黃，製作更具空
氣感的蛋糊。

製作150公克炸彈蛋奶糊

水40公克
糖100公克
蛋黃80公克（5到6個蛋黃）

1. 蛋黃放入桌上型攪拌機的攪拌缸，以最高速攪打3分鐘直到體積變成三倍。製作糖漿：取一小鍋，秤過水和糖後，小心倒入鍋中，使鍋子內壁保持乾淨。煮至沸騰，然後以沾濕的刷子清潔鍋子內壁。繼續加熱至115°C。

2. 糖漿離火，不再出現氣泡時，細細倒入打發蛋黃，並持續以攪拌機快速攪打，視不同用途，攪打至蛋糊降溫或冷卻。

MOUSSE AU CHOCOLAT SUR APPAREIL À BOMBE
運用炸彈蛋糊製作的巧克力慕斯

大解密
Comprendre

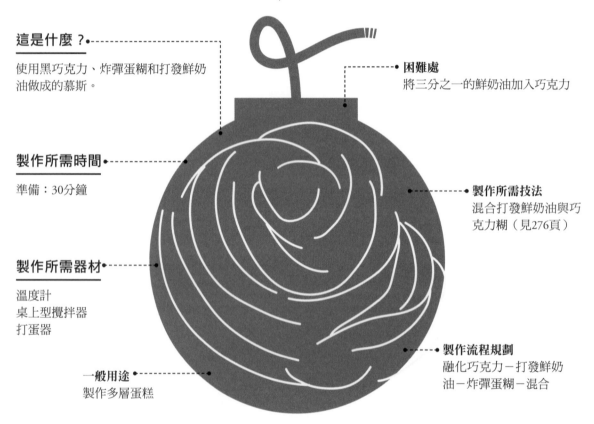

這是什麼？
使用黑巧克力、炸彈蛋糊和打發鮮奶油做成的慕斯。

困難處
將三分之一的鮮奶油加入巧克力

製作所需時間
準備：30分鐘

製作所需技法
混合打發鮮奶油與巧克力糊（見276頁）

製作所需器材
溫度計
桌上型攪拌器
打蛋器

製作流程規劃
融化巧克力－打發鮮奶油－炸彈蛋糊－混合

一般用途
製作多層蛋糕

為什麼這款慕斯必須立即使用？

我們建議立即使用這款慕斯，因為剛完成時的質地非常理想（輕盈易操作）。若在用於製作多層蛋糕前經過冷藏保存，巧克力就會進一步結晶，質地會變得較緊實。

建議
鮮奶油變成霧面時即停止打發。

訣竅
可在乳脂肪30%的鮮奶油中加入5%的瑪斯卡彭乳酪，口感更濃郁。

製作700公克

巧克力慕斯

可可含量（至少）60%黑巧克力
200公克
液態鮮奶油（乳脂肪含量35%）350
公克

炸彈蛋糕

水40公克
糖100公克
蛋黃80公克（5到6個蛋黃）

1. 以隔水加熱法融化巧克力（見
   276頁）。融化後移開調理盆，
   靜置冷卻至室溫。

2. 以製作香緹鮮奶油的方式打發
   鮮奶油（見280頁），倒入調理
   盆，冷藏備用。

3. 製作炸彈蛋糊（見46頁）。將
   三分之一的打發鮮奶油倒入融
   化巧克力，快速攪打。

4. 炸彈蛋糊降溫後，倒入巧克力
   鮮奶油中，以矽膠刮刀輕輕混
   合。

5. 加入其餘的打發鮮奶油，輕柔
   混拌至整體均勻。立即使用。

MOUSSE AU CHOCOLAT SUR CRÈME ANGLAISE

運用英式蛋奶醬製作的
巧克力慕斯

大解密
Comprendre

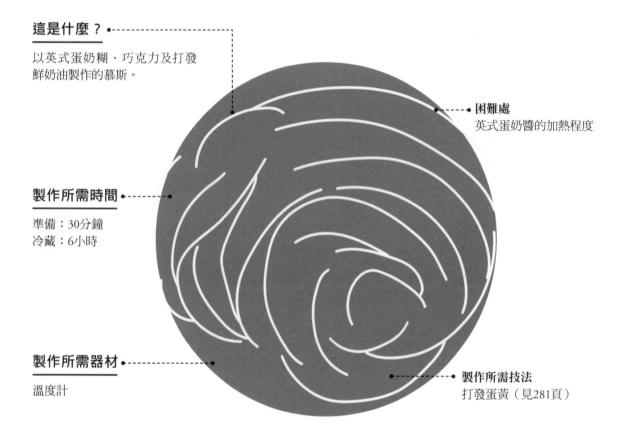

這是什麼？

以英式蛋奶糊、巧克力及打發鮮奶油製作的慕斯。

困難處
英式蛋奶醬的加熱程度

製作所需時間

準備：30分鐘
冷藏：6小時

製作所需器材

溫度計

製作所需技法
打發蛋黃（見281頁）

為什麼液態鮮奶油在打發之前必須充分冰涼？

打發鮮奶油形成慕斯時，我們需要脂肪在混入的空氣周圍形成結晶。唯有在低溫時才能形成所需的結晶，因此在製作打發鮮奶油的時候，要使用冰涼的鮮奶油。

建議
製作多層蛋糕用的慕斯時，建議鮮奶油不要打發的過度緊實，如此慕斯才能輕鬆流動，不會太快凝固。

製作550公克慕斯

英式蛋奶醬基底

液態鮮奶油（乳脂肪30%）60公克
牛奶60公克
蛋黃25公克（2個蛋黃）
糖10公克

製作黑巧克力慕斯

可可含量66%黑巧克力175公克
液態鮮奶油（乳脂肪30%）225公克

製作牛奶巧克力慕斯

英式蛋奶醬基底150公克
牛奶巧克力275公克
液態鮮奶油（乳脂肪30%）225公克

製作白巧克力慕斯

英式蛋奶醬基底150公克
白巧克力250公克
液態鮮奶油（乳脂肪30%）225公克
吉利丁4公克（加入英式蛋奶醬基底的牛奶中）

1. 打發冰涼的鮮奶油至綿密的慕斯質地。製作英式蛋奶醬：牛奶煮至沸騰，同時間蛋黃加糖，以打蛋器打發至顏色變淺（見281頁）。牛奶即將溢出時，將一半份量倒入打發蛋白中，攪打至均勻，然後整體倒回鍋中。以中火繼續加熱，並不斷攪拌直到蛋奶醬可裹住刮刀（最多85℃）。

2. 同時間，以隔水加熱法融化巧克力（見276頁）。

3. 英式蛋奶醬倒入巧克力中混合均勻。

4. 取三分之一的打發鮮奶油加入巧克力糊，以打蛋器混合。加入其餘的打發鮮奶油，用打蛋器輕輕攪拌，最後以刮刀切拌混合。

克林姆奶油 外交官奶油

大解密

Comprendre

這是什麼？

加熱製成的奶油糊,使用牛奶、蛋黃、糖製作而成,質地濃稠,一般以香草增添風味。可加入吉利丁和打發鮮奶油,即成為外交官奶油。

製作所需時間

準備:20分鐘
加熱:1公升牛奶需3分鐘
靜置:6小時(直到完全冷卻)

製作所需技法

攪打(見276頁)
打發蛋黃(見281頁)

困難處

克林姆奶油的加熱程度

製作流程規劃&保存

前一天:克林姆奶油
當天:使用或加工成外交官奶油。裝入盒中以保鮮膜貼附表面,可冷藏保存3天

一般用途

奶油泡芙、閃電泡芙、修女泡芙、千層派等內餡

為什麼加熱過程中克林姆奶油會變濃稠?

加熱時,Maizena®澱粉會因為糊化而使整體變稠。蛋黃中的蛋白質會凝結,也扮演增稠的角色。

為什麼要使用MAIZENA®澱粉,而非麵粉?

Maizena®澱粉的成分是馬鈴薯澱粉。澱粉是製作此配方最完美的增稠元素。如果使用小麥麵粉(澱粉+麩質),雖然也可增稠,不過也會增加麩質所帶來韌性。

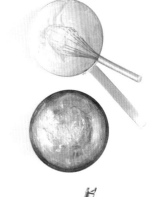

製作400公克克林姆奶油

牛奶250公克

蛋黃50公克（3至4個蛋黃）

糖60公克

Maizena®澱粉25公克

奶油25公克

1. 牛奶放入鍋中加熱。

2. 同時間，蛋黃加糖放入調理盆中打發至顏色變淺（見281頁），然後加入Maizena®澱粉。

3. 牛奶沸騰時，將一半的牛奶倒入蛋糖糊混合。蛋奶糊到回鍋中與其餘的牛奶混合，以大火加熱，同時快速攪打。

4. 蛋奶糊變稠時，繼續加熱並持續攪打。開始沸騰後，1公升牛奶需續煮3分鐘。250公克的牛奶則約續煮30秒。

5. 離火加入奶油，混合均勻後倒入大平盤中，使其快速冷卻，然後將保鮮膜直接貼附表面。完全冷卻後即可使用。

製作500公克外交官奶油

克林姆奶油400公克

吉利丁4公克

液態鮮奶油（乳脂肪30%）100公克

1. 製作外交官奶油：吉利丁浸泡冰水軟化（見280頁）。奶油加入克林姆後，放入瀝乾水分的吉利丁，混合均勻後冷卻。

2. 以製作香緹鮮奶油的方式打發鮮奶油（見280頁），倒入調理盆，冷藏備用。快速攪打克林姆奶油使其滑順，混入三分之一打發鮮奶油，以打蛋器混合均勻。

3. 加入其餘的鮮奶油，以刮刀輕輕切拌混合。

PÂTE FEUILLETÉE INVERSÉE CHOCOLAT
反轉巧克力千層麵糰

大解密
Comprendre

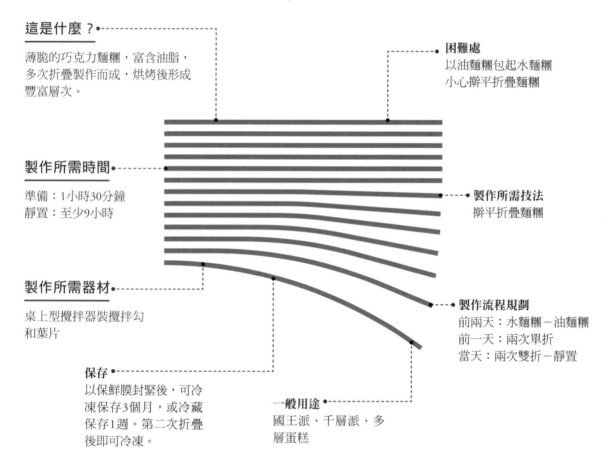

這是什麼？

薄脆的巧克力麵糰，富含油脂，多次折疊製作而成，烘烤後形成豐富層次。

困難處

以油麵糰包起水麵糰
小心擀平折疊麵糰

製作所需時間

準備：1小時30分鐘
靜置：至少9小時

製作所需技法

擀平折疊麵糰

製作所需器材

桌上型攪拌器裝攪拌勾
和葉片

製作流程規劃

前兩天：水麵糰－油麵糰
前一天：兩次單折
當天：兩次雙折－靜置

保存

以保鮮膜封緊後，可冷凍保存3個月，或冷藏保存1週。第二次折疊後即可冷凍。

一般用途

國王派、千層派、多層蛋糕

醋的功能是什麼？

醋可提升麵糰的酸度，增加保存時間，不過也會影響麩質結構，改變麵糰的質地。

靜置的作用是什麼？

靜置可讓油脂有時間凝固，也可讓麩質結構穩定下來。

建議

務必遵守冷藏靜置的時間，以免麵糰過軟，導致擀平折疊時破裂，並在擀麵的時候收縮。將麵糰提前20至30分鐘從冰箱取出，使擀平折疊和擀麵更容易，避免裂開。折疊次數不可超過六次，免得層次消失。

1

2

製作約1.2公斤麵糰

1　水麵糰

水170公克
鹽10公克
白醋10公克
麵粉360公克

2　油麵糰

奶油450公克
麵粉115公克
無糖可可粉30公克

製作反轉巧克力千層麵糰

1. 製作水麵糰：桌上型攪拌器裝攪拌勾，攪拌缸中依序倒入水、鹽、白醋、麵粉。攪拌至整體均勻，可視需要稍微用手揉壓，整成球狀，以保鮮膜包起後冷藏至少4小時。

2. 製作油麵糰：攪拌缸中放入切成小丁的奶油，攪拌至膏狀。加入麵粉和可可粉，小心刮下黏在攪拌缸內壁的麵糊（見284頁），混合均勻後將麵糰倒在保鮮膜上整平包起，冷藏至少4小時。

3. 冷藏4小時後，將油麵糰擀成約50×20公分的長方形，一邊輕壓表面，如此可讓麵糰變軟又不會使溫度升高。水麵糰擀至35×20公分的長方形。

4. 水麵糰放在油麵糰上，將油麵糰的上部往下折到水麵糰的中線，盡可能使其方正。再將下方的麵糰（油麵糰和水麵糰）折起蓋在第一個折上。第一次單折即完成。

5. 以擀麵棍從中央向外輕輕擀開麵糰。

6. 製作第二次單折：麵糰旋轉90度，使開口朝向右邊，用擀麵棍在上下邊緣3公分處輕輕壓封住麵糰，以同樣方式往中間每個數公分便輕壓，可更容易擀開。擀麵方向要由遠端往自己，擀成約60公分長的帶狀，以步驟4的方式折疊。冷藏至少3小時。

7. 取出麵糰，開口轉向右方，以同樣方式將麵糰擀至80公分長。

8. 製作雙折：下方10公分往上折，以擀麵棍輕壓封住，然後將上端往下折，但不與下方麵糰交疊，小心維持形狀方整，以擀麵棍輕壓封住。

9. 上端再次往下折，以完全蓋住下端，從中央輕輕向外擀開，麵糰轉動90度使開口朝右。重複此步驟以製作第二次雙折，擀麵前需冷藏2小時。

PÂTE SABLÉE
沙布雷麵糰

大解密
Comprendre

這是什麼？
極為酥鬆的鋪底麵糰。

製作所需時間
準備：15分鐘
靜置：冷藏6至24小時

製作所需器材
攪拌缸
桌上型攪拌機葉片

一般用途
塔底

其他用途
小餅乾

困難處
麵糰脆弱易裂

變化
巧克力麵糰：以20公克無糖可可粉取代20公克麵粉。
榛果麵糰：以40公克榛果粉取代20公克麵粉。

製作所需技法
搓揉（見284頁）
壓揉（見284頁）
擀平（見284頁）
鋪入塔模（見284頁）

製作流程規劃
前一天：製作麵糰
當天：鋪入塔皮和烘烤
鋪入塔模（見284頁）

保存
生麵糰：以保鮮膜包起或切成小圓片裝入密封盒可冷凍保存3個月。每一個圓片略撒麵粉再疊起。

如何製作出沙布雷的酥鬆質地？

麵糰幾乎不經過攪拌，因此無法形成麩質網絡。麵糰的連結性低，因此保留酥鬆口感。

為什麼不能過度攪拌麵糰？

擀平時不可過度攪拌麵糰，才不會喪失酥鬆特性，以免烘烤時麵糰回縮。

訣竅
若要讓麵糰在不變溫熱的情況下變軟，更容易擀開，可用擀麵棍輕敲麵糰。塔圈塗上奶油可幫助麵糰在烘烤時緊貼模具（如此塔皮邊緣就不會塌下來），烤熟後還能輕鬆脫模。

**製作12份8公分塔皮或
1份24公分塔皮**

麵粉200公克
奶油70公克
鹽1公克
糖粉70公克
全蛋60公克（蛋1個）

1. 桌上型攪拌器裝葉片，攪拌缸中放入麵粉和鹽混合。加入切成小丁的奶油，以低速混合至沙鬆質地（見284頁），注意不可過度攪拌。

2. 加入糖粉和蛋液，混合成均勻的麵糰。若有需要可略為壓揉（見284頁）。

3. 壓平以保鮮膜包起，靜置至少6小時，隔夜更佳。擀開麵糰時不可過度揉拌。

BISCUIT À LA CUILLÈRE
手指餅乾

大解密
Comprendre

這是什麼？

以法式蛋白霜、蛋黃和麵粉
為材料的軟質餅乾，通常用
於製作夏洛特。

製作所需時間

準備：20分鐘
烘烤：10至12分鐘

製作所需器材

電動打蛋器
擠花袋裝10mm花嘴
粉篩

一般用途

夏洛特、樹幹蛋糕、獨
立的手指餅乾

變化
巧克力手指餅乾：以30公克
無糖可可粉取代30公克馬鈴
薯澱粉。

困難處
製作法式蛋白霜

製作所需技法
製作法式蛋白霜（見69頁）
安裝花嘴（見278頁）
擠花（見278頁）

製作流程規劃
基底－蛋白霜－混合－擠入
烤盤－烘烤

保存
可冷藏保存48小時，冷凍保存3週。

為什麼要注意烘烤時間？

*餅乾中的馬鈴薯澱粉是以純澱粉構成，不含麩質，因此在烘烤過
程中會糊化，產生沒有彈性的餅乾質地。如果烤過頭，餅乾會變
得易碎。*

建議
使用裝有10mm花嘴的擠花袋（
見278頁）將，在烤盤上將麵糊
擠花（見278頁）成緊貼的長條
狀，可讓整體平整，又不會過度
攪拌麵糊。

訣竅
製作獨立的手指餅乾時，擠成6公
分的長條狀，預留充分間隔。

製作40×30公分的蛋糕1片或750公克餅乾

基底

蛋黃200公克（14到15個蛋黃）
糖90公克
麵粉90公克
馬鈴薯澱粉90公克

法式蛋白霜

蛋白220公克（7到8個蛋白）
糖90公克

1. 烤箱預熱至190℃。製作基底：蛋黃和糖放入桌上型攪拌機的攪拌缸，打發至體積變成兩倍後，倒入調理盆。麵粉和馬鈴薯澱粉過篩至烘焙紙上。

2. 製作法式蛋白霜（見69頁）。取三分之一的蛋白霜加入打發蛋黃中混合。加入混合的粉類拌勻，然後放入其餘的蛋白霜小心混合均勻。

3. 烤盤鋪烘焙紙。使用10mm花嘴，沿著烤盤短邊擠出緊貼的長條狀麵糊至填滿烤盤（見278頁）。放入烤箱，烘烤10至12分鐘。手指伸到烘焙紙下方，輕輕取下餅乾。

BISCUIT AU CHOCOLAT SANS FARINE

無麵粉巧克力海綿蛋糕

大解密
Comprendre

這是什麼？

使用法式蛋白霜製成的海綿蛋糕，輕盈且入口即化。

製作所需時間

準備：15分鐘
烘烤：8至12分鐘

製作所需器材

電動打蛋器
L抹刀

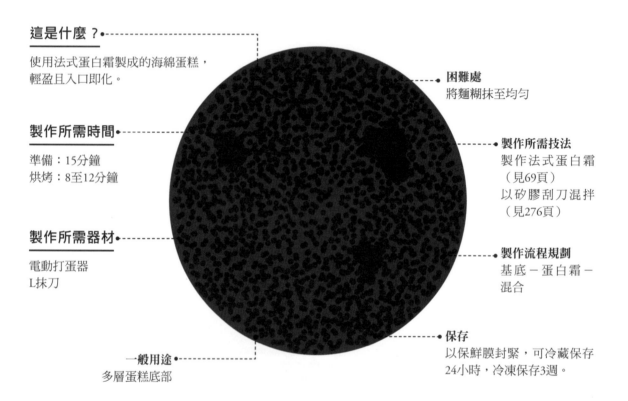

困難處
將麵糊抹至均勻

製作所需技法
製作法式蛋白霜
（見69頁）
以矽膠刮刀混拌
（見276頁）

製作流程規劃
基底－蛋白霜－混合

保存
以保鮮膜封緊，可冷藏保存24小時，冷凍保存3週。

一般用途
多層蛋糕底部

為什麼不可以過度攪拌麵糊？

這份食譜中沒有使用麵粉，因此蛋糕麵糊烘烤前的質地較纖弱。麵糊的黏度較低，較不容易留著混入的空氣。為了流失空氣，並保持蛋糕質地柔軟，最好不要過度攪拌麵糊。

建議

使用不過於新鮮的蛋，如此蛋白中的白蛋白較鬆弛，更容易打發。
不要過度攪拌蛋糕麵糊，以免導致塌陷，並維持質地柔軟。另取一張烘焙紙撒上糖粉後翻面放在蛋糕上，接著將網架置於黏在蛋糕底部的烘焙紙上，一隻手壓住網架，用另一隻手撕起烘焙紙，即可取下蛋糕。壓住烘焙紙的網架可防止撕起蛋糕。

訣竅

以放置室溫軟化的膏狀奶油塗抹烤盤，可防止抹平蛋糕麵糊時烘焙紙滑動。

製作40X30公分的蛋糕1片

巧克力基底

無糖可可粉40公克
蛋黃90公克（5至6個蛋黃）
糖70公克

法式蛋白霜

蛋白125公克（4個蛋白）
糖70公克

1. 烤箱預熱至190℃。蛋黃和糖放入桌上型攪拌器，以高速打發至體積變成兩倍。倒入調理盆。

2. 製作法式蛋白霜（見69頁）。取三分之一的蛋白霜加入打發蛋黃中混合，然後篩入可可粉。以矽膠刮刀輕輕混拌至均勻，接著加入其餘的蛋白霜小心混合。

3. 烤盤鋪烘焙紙。倒入麵糊抹平整個烤盤。

4. 烘烤8至12分鐘。可將手指伸入烘焙紙下方分離蛋糕以確認熟度。若可撕起蛋糕，表示烤熟了。

5. 蛋糕放上網架，靜置冷卻。

BISCUIT AMANDE
杏仁海綿蛋糕

大解密
Comprendre

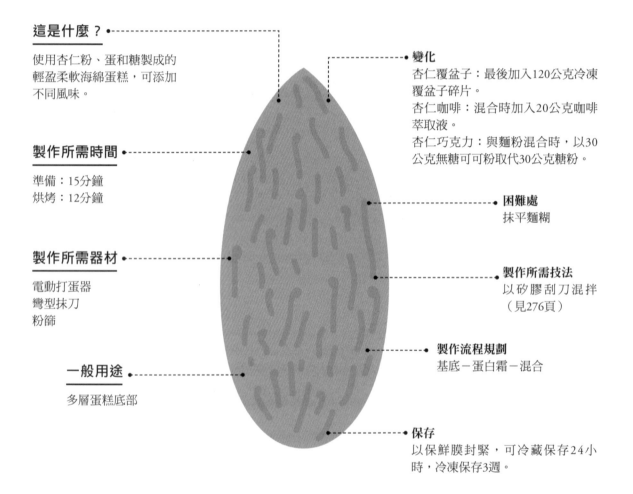

這是什麼？

使用杏仁粉、蛋和糖製成的
輕盈柔軟海綿蛋糕，可添加
不同風味。

製作所需時間

準備：15分鐘
烘烤：12分鐘

製作所需器材

電動打蛋器
彎型抹刀
粉篩

一般用途

多層蛋糕底部

變化

杏仁覆盆子：最後加入120公克冷凍
覆盆子碎片。
杏仁咖啡：混合時加入20公克咖啡
萃取液。
杏仁巧克力：與麵粉混合時，以30
公克無糖可可粉取代30公克糖粉。

困難處

抹平麵糊

製作所需技法

以矽膠刮刀混拌
（見276頁）

製作流程規劃

基底－蛋白霜－混合

保存

以保鮮膜封緊，可冷藏保存24小
時，冷凍保存3週。

為什麼不可過度攪拌麵糊？

不可過度攪拌麵糊，以免蛋糕
塌陷，並保留柔軟質地。

訣竅

以放置室溫軟化的膏狀奶油塗
抹烤盤，可防止抹平蛋糕麵糊
時烘焙紙滑動。

… 動 手 做 …

製作40X30公分的蛋糕I片

基底

杏仁粉75公克
蛋黃40公克（蛋黃3個）
全蛋70公克（蛋1至2個）
糖粉75公克
麵粉65公克

法式蛋白霜

蛋白115公克（4個蛋白）
糖50公克

1. 烤箱預熱至180°C。全蛋、蛋黃、糖粉和杏仁粉放入桌上型攪拌器，逐漸加速到最高速，攪打至輕盈的質地，倒入調理盆。

2. 麵粉過篩。製作法式蛋白霜（見69頁）。

3. 取一半的麵粉和三分之一蛋白霜加入蛋糖糊，以矽膠刮刀混合（見276頁），從中央向外切拌，同時轉動調理盆，混合均勻。加入其餘的麵粉輕輕拌勻。加入其餘的蛋白霜，以刮刀混拌至均勻即停止。

4. 麵糊倒入鋪烘焙紙的烤盤，以L抹刀抹平。放入烤箱烘烤12分鐘。取出置於網架上，靜置冷卻20分鐘。

PÂTE À CHOUX
泡芙麵糊

大解密
Comprendre

這是什麼？

全蛋、奶油、麵粉、牛奶和水製成的麵糊，加熱至收乾糊化後擠花，烘烤時會膨脹。

困難處

混入麵粉
收乾糊化麵糊
混入蛋液

製作所需時間

準備：30分鐘

一般用途

泡芙、閃電泡芙、巴黎－布列斯特、聖多諾黑

保存

可冷凍保存3週

為什麼必須收乾糊化奶蛋麵糊？

收乾奶蛋麵糊可去除許多水分，若麵糊水分過多，擠在烤盤上和烘烤時會散開變平。

脆皮扮演什麼角色？

脆皮可讓泡芙在烘烤時均勻膨脹，完成的泡芙形狀非常規則。

建議

掌握蛋的份量：液體（水＋牛奶）的份量（重量）必須和蛋相等（200公克液體需要200公克全蛋）；若全蛋份量過多，必須將蛋打成蛋液，秤重後保留多餘的蛋液做為烘焙上色用。充分收乾泡芙麵糊也非常重要，否則烘烤後填入的奶油餡和充滿水氣的冷藏室會讓泡芙像海綿一樣吸滿水份。

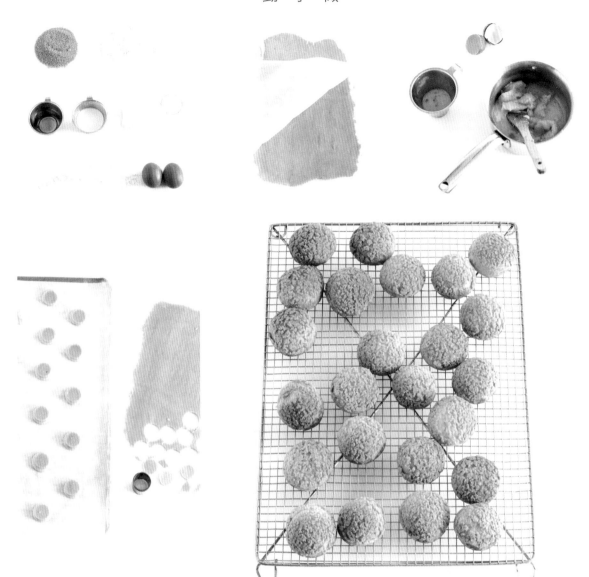

製作400公克麵糊

牛奶100公克
水100公克
奶油90公克
鹽2公克
麵粉120公克
全蛋200公克（蛋4個）

脆皮

奶油75公克
黃砂糖100公克
麵粉100公克

1. 牛奶、水、鹽和奶油放入鍋中煮至沸騰。注意奶油必須充分融化。

2. 步驟1開始膨脹時，鍋子離火，然後一口氣倒入麵粉，以矽膠抹刀混合。此處完成的麵糊稱為「奶蛋麵糊」。

3. 奶蛋麵糊攪拌至均勻後，將之在鍋底壓平，放回爐火上加熱，不攪拌。麵糊開始略微發出劈啪響時，搖動鍋子，觀察鍋底。當鍋底出現一層均勻的薄膜時，代表麵糊已經充分收乾糊化。

4. 離火，以刮刀攪拌至排出大氣泡。倒入一半的蛋液充分攪打，混合均勻後，將其餘的蛋液分兩次加入。

5. 製作脆皮：混合膏狀奶油和黃砂糖。加入麵粉，整體混合均勻後後放在烘焙紙上。疊上第2張烘焙紙，以擀麵棍擀至0.2公分的薄片。冷凍至少1小時再使用。

MERINGUE SUISSE
瑞士蛋白霜

大解密
Comprendre

這是什麼？

使用蛋白和糖加熱攪打至成的蛋糊，質地比法式和義式蛋白霜更濃稠硬挺。

製作所需時間

準備：15分鐘

製作所需器材

桌上型攪拌器
溫度計

一般用途

擠花烤成馬林糖、帕伐洛娃、以蛋白霜為基底的多層蛋糕

變化

橙花蛋白霜：在蛋糊中加入15公克橙花水。
巧克力蛋白霜：蛋白霜烤熟後浸入融化的黑巧克力，放在網架上靜置冷卻。

困難處

同時加熱和打發

製作所需技法

隔水加熱（見276頁）
打發蛋白並使其緊實（見281頁）

為什麼要用隔水加熱法？

雞蛋的蛋白質會在不同溫度凝結。將溫度固定在40°C，就能避免蛋白質凝結。隔水加熱也能確保溫度均勻一致。

訣竅

在40°C以隔水加熱法將蛋白打發至乾性發泡，更能表現出雞蛋蛋白質的優點，可抓住更多空氣，形成更細小的氣泡。這也是為何瑞士蛋白霜較其他蛋白霜更濃稠穩固。

製作300公克蛋白霜

蛋白100公克（3至4個蛋白）
細白砂糖100公克
糖粉100公克

1 準備隔水加熱（見276頁）。蛋白和細白砂糖放入調理盆，放在隔水加熱鍋上，攪打的同時加熱至40°C。

2 步驟1倒入桌上型攪拌器的攪拌盆，以高速打發至冷卻。

3 糖粉過篩後倒入攪拌盆，以低速混合，最後用矽膠刮刀拌勻。

MERINGUE FRANÇAISE
法式蛋白霜

大解密

Comprendre

這是什麼？

蛋白和糖製成的基底，未經加熱，質地介於打發麵糊和慕斯之間。

製作所需時間

準備：15分鐘

製作所需器材

桌上型攪拌器

一般用途
蛋糕基底（手指餅乾、無麵粉巧克力蛋糕）

困難點
避免蛋白結塊

製作所需技法
打發蛋白並使其緊實（見281頁）

保存
立即使用，因為未經加熱的蛋白霜很快便會塌陷。

建議
使用不那麼新鮮的蛋，如此蛋白較鬆弛，更容易打發。蛋白霜的糖越少（例如漂浮島），狀態越不穩定。

為什麼要使用不那麼新鮮的蛋？

蛋放得越久，其中的酸鹼值也會略微變化，導致蛋白質的型改變，抓住空氣的能力較好。

製作275公克蛋白霜

蛋白150公克（5個蛋白）
糖125公克

1. 桌上型攪拌器裝攪拌球，蛋白倒入攪拌缸，以四分之一的段速打發，變成慕斯狀，加入四分之一的糖。
2. 提高至一半的段速，蛋白表面開始形成波紋時，加入四分之一的糖。
3. 攪拌器提高至四分之三的段速。蛋白緊貼著攪拌球時，加入其餘的糖，並將攪拌器調到最高速打發約2分鐘。拿起攪拌球時，蛋白霜會拉出尖挺的尾端。

黑巧克力鏡面淋面

大解密

Comprendre

這是什麼？

以可可粉製成的淋面，細緻富光澤，用來披覆樹幹蛋糕和淋面多層蛋糕。

製作所需時間

準備：15分鐘
靜置：1小時30分鐘至2小時，必須在40℃使用

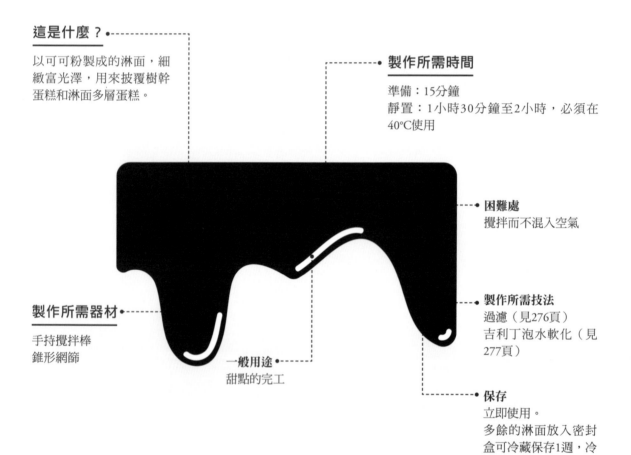

困難處

攪拌而不混入空氣

製作所需器材

手持攪拌棒
錐形網篩

一般用途

甜點的完工

製作所需技法

過濾（見276頁）
吉利丁泡水軟化（見277頁）

保存

立即使用。
多餘的淋面放入密封盒可冷藏保存1週，冷凍保存3週。

建議

必須在40℃時使用，淋在充分冷凍的甜點上。一定要製作多於需要的份量。若澆上淋面時溫度過高，形成的淋面就會太薄。這個時候就將甜點放回冷凍庫15分鐘，回收烤盤上的淋面，與其餘的淋面混合。取出甜點，重新澆淋。立即檢查第二次淋面是否俐落光整，因為幾乎冷卻的淋面碰到冷凍的甜點很快就會凝固。

訣竅

攪拌但不混入過多空氣：
手持攪拌棒的攪拌頭在靜止狀態下放入淋面，輕輕攪動使氣泡浮上表面，然後才打開攪拌棒的開關，但不搖晃，攪打30秒至1分鐘。

製作750公克淋面

水180公克
液態鮮奶油（乳脂肪30%）150公克
糖330公克
無糖可可粉120公克
吉利丁14公克

1. 吉利丁放入冰水，泡水軟化（見277頁）。水、鮮奶油、糖放入鍋中煮至沸騰。

2. 鍋子離火，放入吉利丁和可可粉，以打蛋器混合。倒入量杯，以手持攪拌棒攪打。

3. 過濾倒入調理盆，保鮮膜直接貼附表面，靜置室溫降溫至35到40℃。

堅果巧克力淋面

大解密
Comprendre

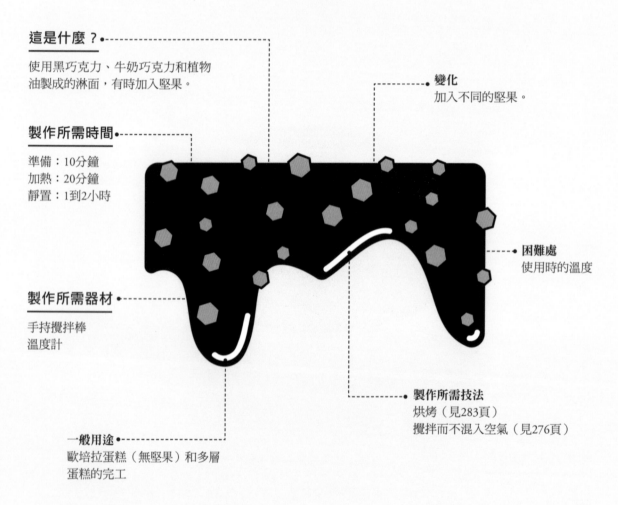

這是什麼？

使用黑巧克力、牛奶巧克力和植物
油製成的淋面，有時加入堅果。

製作所需時間

準備：10分鐘
加熱：20分鐘
靜置：1到2小時

製作所需器材

手持攪拌棒
溫度計

一般用途

歐培拉蛋糕（無堅果）和多層
蛋糕的完工

變化
加入不同的堅果。

困難處
使用時的溫度

製作所需技法
烘烤（見283頁）
攪拌而不混入空氣（見276頁）

訣竅

澆淋淋面時，以矽膠刮刀刮除
網架上的多餘淋面。

建議

剩下的淋面裝入盒中最多可室
溫保存1個月。使用前，以隔水
加熱法慢慢融化。

製作300公克淋面

牛奶巧克力130公克
可可含量66%黑巧克力150公克
葡萄籽油25公克
杏仁碎粒80公克

1. 以160°C烘烤杏仁碎粒20分鐘
   （見283頁）。
2. 所有巧克力以隔水加熱法融化。
3. 移開巧克力，倒入植物油，攪
   拌時不混入空氣。靜置降溫至
   40°C左右。
4. 加入杏仁碎粒混合，立即使用。

GLAÇAGE CHOCOLAT AU LAIT
牛奶巧克力淋面

大解密
Comprendre

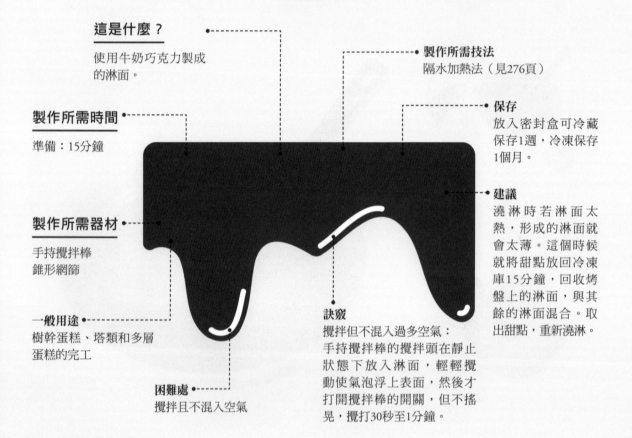

這是什麼？
使用牛奶巧克力製成的淋面。

製作所需技法
隔水加熱法（見276頁）

製作所需時間
準備：15分鐘

保存
放入密封盒可冷藏保存1週，冷凍保存1個月。

製作所需器材
手持攪拌棒
錐形網篩

建議
澆淋時若淋面太熱，形成的淋面就會太薄。這個時候就將甜點放回冷凍庫15分鐘，回收烤盤上的淋面，與其餘的淋面混合。取出甜點，重新澆淋。

一般用途
樹幹蛋糕、塔類和多層蛋糕的完工

訣竅
攪拌但不混入過多空氣：手持攪拌棒的攪拌頭在靜止狀態下放入淋面，輕輕攪動使氣泡浮上表面，然後才打開攪拌棒的開關，但不搖晃，攪打30秒至1分鐘。

困難處
攪拌且不混入空氣

為什麼淋面會附著在蛋糕上？

可可脂接觸到冷凍蛋糕時會結晶，淋面因此變得較黏稠，附著在蛋糕上，並在冷卻時凝固。

製作550公克淋面

牛奶巧克力250公克
黑巧克力90公克

液態鮮奶油（乳脂肪30%）225公克
轉化糖漿40公克

1. 兩種巧克力一起以隔水加熱法融化（見276頁）。
2. 鮮奶油和轉化糖漿放入鍋中加熱至沸騰，一邊以打蛋器攪拌。
3. 步驟2倒入移開熱源的巧克力，以打蛋器攪拌。混合後靜置1小時30分鐘至2小時，使其降溫至35到40°C。

GLAÇAGE BLANC
白色淋面

大解密
Comprendre

這是什麼？

使用白巧克力製成的白色淋面。

一般用途

樹幹蛋糕、塔類、多層蛋糕的完工

製作所需時間

準備：15分鐘
靜置：2小時

製作所需技法

隔水加熱（見276頁）
吉利丁泡水軟化（見276頁）
過濾（見276頁）

製作所需器材

手持攪拌棒
溫度計

保存

放入密封盒可冷藏保存1週，冷凍保存3週。

變化

可在牛奶中加入一根香草莢。
任選喜歡的食用色素取代白色，為淋面增添色彩。

建議

淋面需在40℃左右使用。欲澆淋的蛋糕必須充分冷凍，才能讓淋面直接附著。澆淋時若淋面太熱，形成的淋面就會太薄。這個時候就將甜點放回冷凍庫15分鐘，回收烤盤上的淋面，與其餘的淋面混合。取出甜點，重新澆淋。

製作500公克淋面

牛奶120公克
水30公克
葡萄糖漿50公克
吉利丁6公克
白巧克力300公克

1. 吉利丁浸泡冰水軟化（見277頁）。以隔水加熱法融化白巧克力（見276頁）。

2. 牛奶、水和葡萄糖漿加熱至沸騰後離火。瀝乾吉利丁，放入牛奶中以打蛋器攪拌均勻。

3. 將步驟2倒入融化的巧克力中，以打蛋器混合。調理盆移開隔水熱鍋，攪拌時注意盡可能不要混入空氣。靜置數分鐘，然後再度攪拌2到3分鐘，使顏色均勻漂亮。過濾（見276頁），保鮮膜直接貼附表面。靜置室溫冷卻至40℃左右。

CHAPITRE 2
LES BONBONS ET LES PÂTISSERIES
糖果和甜點

BONBONS TREMPÉS GANACHE PURE ORIGINE

單一產地甘納許
披覆夾心巧克力

大解密

Comprendre

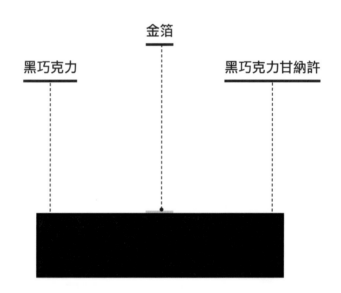

金箔

黑巧克力　　　　　　　　　黑巧克力甘納許

這是什麼？

黑巧克力甘納許披覆黑巧克力。

製作所需時間

準備：2小時

靜置：12小時（甘納許），48小時（糖果結晶）

製作所需器材

溫度計

巧克力用膠片

巧克力浸叉

變化

維持相同可可含量，變換巧克力的產地。

困難處

調溫巧克力的預結晶

披覆夾心巧克力

製作所需技法

巧克力預結晶（見24頁）

塗刷防沾巧克力（見273頁）

巧克力結晶（見24頁）

以巧克力浸叉浸泡披覆巧克力（32頁）

裝飾糖果（見36頁）

建議

糖果披覆後，將剩餘的巧克力淋在烘焙紙上，變硬後存放在乾燥處。不可再度調溫，巧克力會失去流動性。奶油放入液體中煮沸可殺菌，延長甘納許的保存期限。甘納許的底部和上方塗刷融化巧克力可讓披覆的過程更容易操作。若甘納許出現粗糙感，可加入牛奶。

製作流程規劃

前一天：甘納許

當天：披覆

可製作約35個糖果

製作350公克甘納許

可可含量70%調溫黑巧克力190公克
液態鮮奶油（乳脂肪30%）180公克
葡萄糖15公克
轉化糖漿10公克
奶油15公克

披覆巧克力

可可含量70%調溫黑巧克力800公克
金箔2張

製作單一產地甘納許披覆夾心巧克力

1. 製作黑巧克力甘納許：以隔水加熱法融化巧克力（見276頁）。同時間，將鮮奶油、葡萄糖、轉化糖漿和奶油放入鍋中煮至沸騰。

2. 將一半的鮮奶油醬過濾倒入巧克力，以打蛋器攪拌使整體乳化。

3. 過濾其餘的鮮奶油醬倒入巧克力，攪拌約1分鐘但不混入空氣，完成乳化。保鮮膜直接貼附表面，靜置降溫（室溫）。

4. 巧克力用膠片剪成35個4×4公分的方形。烤盤鋪膠片。甘納許降至35°C時裝入擠花袋，在膠片上擠出直徑2公分的圓球。

5. 疊上另一張膠片，然後放上另一個烤盤，輕輕加壓以製成糖果的最終形狀。靜置於15~17°C處12小時使其結晶。

6. 預結晶披覆用的巧克力（見24頁）。塗刷在甘納許上方和底部（273頁）。

7. 用巧克力浸叉將甘納許浸入巧克力披覆（見32頁），並在調理盆邊緣刮去多餘的巧克力。以金箔裝飾（見283頁），然後立刻放在剪成小片的膠片上。靜置15~17°C的室溫處48小時使糖果結晶。

香草黑甘納許
披覆夾心巧克力

大解密
Comprendre

黑巧克力　　　　香草黑巧克力甘納許

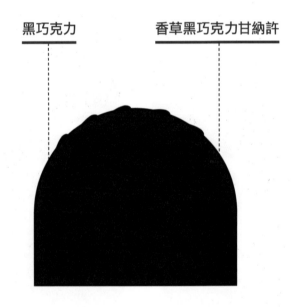

這是什麼？

以香草增添風味的黑巧克力甘納許，並浸入調溫黑巧克力。

製作所需時間

準備：2小時
靜置：12小時（甘納許），48小時（糖果結晶）

製作所需器材

15×15公分框模

溫度計
巧克力用膠片
巧克力浸叉

變化

咖啡甘納許：以5公克即溶咖啡取代香草莢。

調溫巧克力的預結晶

披覆夾心巧克力

製作所需技法

巧克力預結晶（見24頁）
塗刷防沾巧克力（見273頁）

巧克力結晶（見24頁）
以巧克力浸叉浸泡披覆巧克力（32頁）
裝飾糖果（見36頁）

製作流程規劃

前一天：甘納許
當天：披覆

可製作約35個糖果

甘納許

可可含量66%調溫黑巧克力200公克
液態鮮奶油（乳脂肪30%）180公克
葡萄糖15公克
轉化糖漿15公克
香草莢1根

披覆巧克力

可可含量66%調溫黑巧克力800公克

1. 製作香草甘納許：以隔水加熱法融化巧克力（見276頁）。同時間，將鮮奶油、刮出的香草籽和縱剖的香草莢、轉化糖漿、奶油放入鍋中煮至沸騰。取一半的鮮奶油，過濾倒入巧克力，以打蛋器攪拌使整體乳化。

2. 過濾其餘的鮮奶油，倒入巧克力，攪拌約1分鐘但不混入空氣（見276頁）約1分鐘，完成乳化。

3. 甘納許降至35°C時裝入擠花袋，以螺旋方式擠成長條。靜置於15~17°C處12小時使其結晶。

4. 預結晶披覆用的巧克力（見24頁）。

5. 將長條形甘納許切成3公分長，在底部塗刷防沾巧克力（見273頁）。

6. 用巧克力浸叉將甘納許浸入巧克力披覆（見32頁），並在調理盆邊緣刮去多餘的巧克力。靜置室溫處（15~17°C最理想）48小時使糖果結晶。

BONBONS MOULÉS CHOCO LAIT & CARAMEL

焦糖牛奶巧克力
注模夾心巧克力

大解密
Comprendre

黑巧克力　　　　　　　　焦糖牛奶巧克力
　　　　　　　　　　　　甘納許

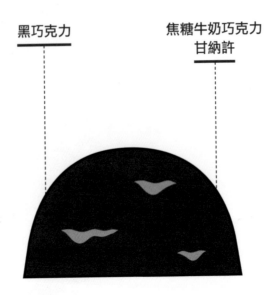

這是什麼？

填入焦糖牛奶巧克力甘納許，以黑巧克力注模的糖果。

製作所需時間

準備：2小時
靜置：甘納許脫模後需12小時，
封模後36小時

製作所需器材

聚碳酸酯模具

溫度計
巧克力用膠片

變化

以百香果或草莓果泥取代鮮奶油。

困難處

預結晶巧克力

製作所需技法

糖果注模（見34頁）

建議

選用大鍋製作焦糖，避免以奶油和鮮奶油洗鍋底時燒焦。

訣竅

小心攪拌，盡量不要混入空氣：手持攪拌棒的攪拌頭緊貼調理盆底部，輕輕搖動以去除刀片周圍的空氣，持續攪拌1分鐘，期間不拿起攪拌棒。

製作流程規劃

前一天：注模－甘納許
當天：封模
兩天後：脫模

可製作約35個糖果

甘納許

可可含量66%調溫黑巧克力140公克
牛奶巧克力170公克
液態鮮奶油（乳脂肪30%）200公克
糖100公克
奶油20公克
鹽之花2公克

注模巧克力

可可含量66%調溫黑巧克力600公克

1. 取三分之二的巧克力進行預結晶，注模（見24頁）。

2. 製作甘納許：鮮奶油煮至沸騰。製作焦糖：糖放入鍋中，以第三段火力（共四段）加熱，糖開始融化變成焦糖時，以打蛋器攪拌。焦糖顏色變深時，鍋子離火，倒入些許鮮奶油，充分混合後，加入奶油，再倒入少許鮮奶油。少量多次加入鮮奶油直到整體完全混合。加入鹽之花，加熱約30秒。

3. 步驟2開始沸騰時，倒在巧克力上，小心混合，盡量不拌入空氣。保鮮膜直接貼附表面。

4. 甘納許降至27°C時裝入擠花袋擠入模具。靜置於15~17°C處12小時使其結晶。

5. 剩餘的巧克力進行預結晶（見24頁）。封模（見34頁）。靜置於室溫處（15~17°C最理想）48小時使其結晶。

BONBONS TREMPÉS GANACHE AU MIEL

蜂蜜甘納許披覆夾心巧克力

大解密
Comprendre

牛奶巧克力　　　　　　蜂蜜甘納許

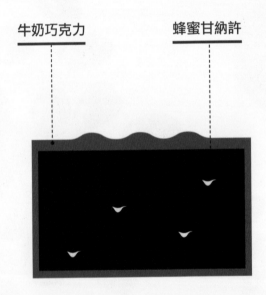

這是什麼？

栗子蜜甘納許，披覆牛奶巧克力。

製作所需時間

準備：2小時
靜置：12小時（甘納許），48小時（糖果結晶）

製作所需器材

15×15公分框模

溫度計
巧克力用膠片
巧克力浸叉

變化
以山區蜂蜜或薰衣草蜜取代栗子蜜。

困難處
預結晶巧克力
披覆糖果

製作所需技法
巧克力預結晶（見24頁）

塗刷防沾巧克力（見273頁）
巧克力結晶（見24頁）
使用巧克力浸叉浸泡披覆（見32頁）
裝飾糖果（見36頁）

製作流程規劃
前一天：甘納許
當天：披覆

可製作約35個糖果

蜂蜜甘納許

調溫牛奶巧克力200公克
液態鮮奶油（乳脂肪30%）200公克
可可脂75公克
栗子蜜75公克

披覆巧克力

調溫牛奶巧克力800公克

1. 準備200公克披覆用巧克力和框模（見276頁）。製作蜂蜜甘納許：以隔水加熱法融化巧克力（見276頁）。將鮮奶油和可可脂煮至沸騰，備用。

2. 同時間，將蜂蜜加熱至130℃。

3. 步驟2離火，少量多次加入鮮奶油可可脂，混合洗起鍋底。

4. 取一半的步驟3過濾倒入巧克力，以打蛋器攪拌使整體乳化。將其餘的蜂蜜鮮奶油可可脂倒入巧克力，攪拌約1分鐘使整體乳化，並盡量不混入空氣（見276頁）。

5. 甘納許降至32℃時，倒入框模，抹平後靜置於15-17℃處12小時使其結晶（見25頁）。

6. 預結晶剩下的披覆用調溫巧克力。用刀子沿著框模內側劃一圈，使甘納許脫模，上方塗刷防沾巧克力（見273頁）。在塗刷層尚未完全冷卻時，切成1.5×3公分的糖果。

7. 用巧克力浸叉將甘納許浸入巧克力披覆（見32頁），並在調理盆邊緣刮去多餘的巧克力（見36頁）。靜置室溫處（15-17℃最理想）48小時使糖果結晶。

BONBONS TREMPÉS À LA VERVEINE

馬鞭草披覆夾心巧克力

大解密
Comprendre

黑巧克力　　　　　　　　　　馬鞭草甘納許

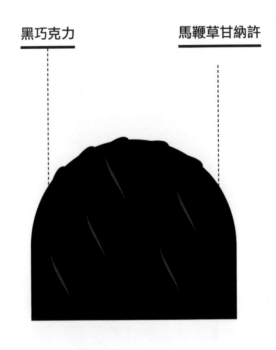

這是什麼？

蛋液浸泡馬鞭草的甘納許，披覆黑巧克力。

製作所需時間

準備：2小時
靜置：12小時（甘納許），48小時（糖果結晶）

製作所需器材

15×15公分框模

溫度計
巧克力用膠片
巧克力浸叉

變化

以等量薄荷或一枝迷迭香取代馬鞭草。

困難處

預結晶巧克力
披覆糖果

製作所需技法

塗刷防沾巧克力（見273頁）

巧克力預結晶（見24頁）
使用巧克力浸叉浸泡披覆（見32頁）
裝飾糖果（見36頁）

建議

為了讓浸泡效果更好，可將馬鞭草冷藏浸泡鮮奶油一晚。

製作流程規劃&保存

前一天：甘納許
當天：披覆
兩天後：享用
最多可保存1週。

可製作約35個糖果

馬鞭草甘納許

液態鮮奶油（乳脂肪30%）140公克
馬鞭草1/2束
轉化糖漿25公克
蛋黃25公克（蛋黃2個）
可可含量66%調溫黑巧克力200公克

披覆巧克力

可可含量66%調溫黑巧克力800公克

1. 製作馬鞭草甘納許：140公克的鮮奶油和馬鞭草放入鍋中，沸騰時關火。包保鮮膜靜置浸泡30分鐘。

2. 步驟1過濾倒入另一個鍋中，補充鮮奶油，使份量維持140公克。加入轉化糖漿和蛋黃混合，加熱至85°C，維持此溫度並以打蛋器攪拌。加入巧克力，攪拌但不混入空氣。倒入調理盆，保鮮膜貼附表面。

3. 烤盤鋪巧克力用膠片。甘納許降溫至27°C時裝入擠花袋，在沿著烤盤長邊擠成1.5公分粗的長條。靜置於15-17°C處12小時使其結晶（見25頁）。

4. 條狀甘納許切成2.5公分長的小段。其餘的披覆用調溫巧克力預結晶（見24頁）。

5. 甘納許底部塗刷防沾巧克力（見273頁）。

6. 用巧克力浸叉將甘納許浸入巧克力披覆（見32頁），並在調理盆邊緣刮去多餘的巧克力。靜置室溫處（15-17°C最理想）48小時使糖果結晶。

薄荷巧克力
注模夾心巧克力

大解密

Comprendre

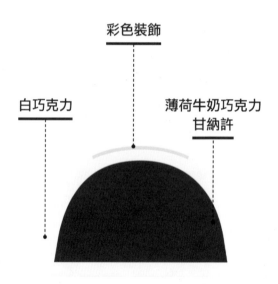

彩色裝飾

白巧克力

薄荷牛奶巧克力
甘納許

這是什麼？

白巧克力注模刷色綠色，填入浸泡薄荷的牛奶巧克力甘納許。

製作所需時間

準備：2小時
靜置：甘納許脫模後需12小時，
封模後48小時

製作所需器材

聚碳酸酯模具
溫度計

巧克力用膠片

變化

以其他香料植物取代薄荷。

困難處

預結晶巧克力

製作所需技法

巧克力預結晶（見24頁）
巧克力結晶（見24頁）
糖果注模（見34頁）

保存

1週。

建議

薄荷浸泡鮮奶油冷藏浸泡至隔天。
一定要使用脂溶性食用色素，才能與油脂輕鬆混合。食用色素間隔5分鐘，分兩次混合，使上色均勻。

訣竅

過濾鮮奶油時會流失些許份量。過濾後的鮮奶油秤重，視需要補足。

製作流程規劃

前一天：注模－甘納許
當天：封模
兩天後：脫模

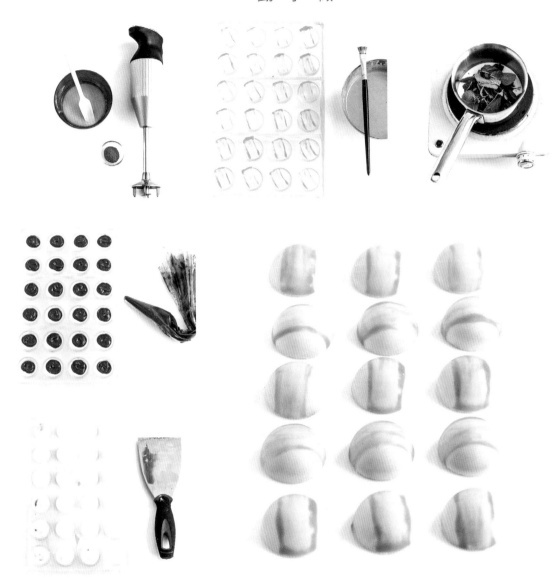

可製作約50個糖果

液態鮮奶油（乳脂肪30%）115公克
薄荷1/4束
調溫牛奶巧克力170公克
奶油25公克

裝飾用上色巧克力糊

可可脂1公克
調溫白巧克力70公克
脂溶性綠色食用色素1小撮

注模巧克力

調溫白巧克力600公克

1. 製作裝飾用巧克力糊：以40°C隔水加熱融化可可脂和調溫白巧克力。加入食用色素，間隔5分鐘分兩次混合，然後預結晶（見24頁）。

2. 取乾燥的刷子，沾取綠色巧克力糊在凹模處畫一道痕跡。三分之二的注模用巧克力預結晶後注模（見36頁）。

3. 製作薄荷甘納許：鮮奶油和薄荷加熱，沸騰時離火，蓋上保鮮膜浸泡30分鐘。過濾倒入另一個鍋子，將鮮奶油補足至115公克，稍微煮沸後淋在調溫牛奶巧克力上，混合後以保鮮膜直接貼附表面。

4. 甘納許降至35°C時加入膏裝奶油混合。降至32°C時裝入擠花袋擠入模具。靜置12小時使其結晶（見25頁）。

5. 剩餘的調溫巧克力進行預結晶（見24頁）。封模（見34頁）。靜置於室溫處（15-17°C最理想）48小時使其結晶。

BONBONS TREMPÉS GANACHE FRAMBOISE
覆盆子甘納許披覆夾心巧克力

大解密
Comprendre

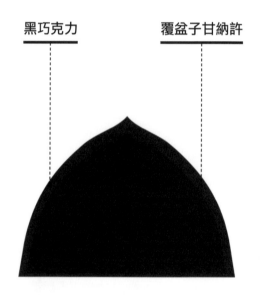

黑巧克力　　　　　　　　覆盆子甘納許

這是什麼？

黑巧克力和牛奶巧克力覆盆子甘納許，披覆調溫黑巧克力。

製作所需時間

準備：2小時
靜置：12小時（甘納許），48小時（糖果結晶）

製作所需器材

15×15公分框模

溫度計
巧克力用膠片
巧克力浸叉

變化

以百香果泥取代覆盆子果泥。

困難處

調溫巧克力的預結晶
披覆夾心巧克力

製作所需技法

巧克力預結晶（見24頁）
塗刷防沾巧克力（見273頁）

巧克力結晶（見24頁）
以巧克力浸叉浸泡披覆巧克力
（32頁）
裝飾糖果（見36頁）

建議

可用覆盆子生命之水取代覆盆子香甜酒，使覆盆子的香氣更鮮明。以乾燥覆盆子碎粒裝飾。

製作流程規劃

前一天：甘納許
當天：披覆

可製作約35個糖果

覆盆子甘納許

可可含量66%調溫黑巧克力150公克
調溫牛奶巧克力165公克
覆盆子果泥100公克
糖20公克
NH果膠粉2公克
液態鮮奶油（乳脂肪35%）75公克
奶油40公克
轉化糖漿10公克
覆盆子香甜酒20公克

披覆巧克力

可可含量66%調溫黑巧克力800公克

1. 製作覆盆子巧克力甘納許：以隔水加熱法融化巧克力（見276頁）。覆盆子果泥煮至沸騰，加入糖和果膠粉混合，續煮30秒，備用。
2. 鮮奶油、奶油和轉化糖漿放入鍋中煮至沸騰。淋在巧克力上，加入覆盆子果泥和覆盆子香甜酒。用打蛋器攪拌使整體乳化。
3. 攪拌約1分鐘但不混入空氣（見276頁）。
4. 烤盤鋪巧克力用膠片。甘納許降至35℃時裝入擠花袋，在膠片上擠成水滴形。靜置室溫12小時使其結晶，15-17℃更佳。
5. 預結晶披覆用的巧克力（見24頁）。塗刷在甘納許底部（273頁）。用巧克力浸叉將甘納許浸入巧克力披覆（見32頁），並在調理盆邊緣刮去多餘的巧克力。靜置室溫48小時使其結晶，15-17℃更佳。

BONBONS MOULÉS AU GRAND MARNIER

柑曼怡注模夾心巧克力

大解密
Comprendre

橙皮

牛奶巧克力香橙
利口酒甘納許

牛奶巧克力

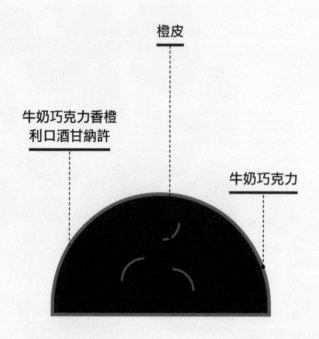

這是什麼？

牛奶巧克力注模，填入柑曼怡甘納許。

製作所需時間

準備：2小時
靜置：甘納許脫模後需12小時，封模後48小時

製作所需器材

聚碳酸酯模具

溫度計
巧克力用膠片

變化
以其他烈酒取代柑曼怡，如威士忌、蘭姆酒、蘋果白蘭地。

困難處
預結晶巧克力

製作所需技法
巧克力預結晶（見24頁）
擠花（見278頁）
糖果注模（見34頁）

訣竅
攪拌時盡可能不要混入空氣：手持攪拌棒的攪拌頭緊貼調理盆底部，輕輕搖動以排出刀片周圍的空氣，持續攪拌1分鐘，期間不提起攪拌棒。

製作流程規劃
前一天：注模－甘納許
當天：封模
兩天後：脫模

可製作約35個糖果

甘納許

調溫牛奶巧克力200公克
液態鮮奶油（乳脂肪30%）110公克
糖漬橙皮30公克
柑曼怡35公克

注模巧克力

調溫牛奶巧克力600公克

1. 取三分之二的調溫牛奶巧克力進行預結晶，注模（見24頁）。

2. 製作甘納許：鮮奶油煮至沸騰，備用。

3. 以隔水加熱法融化巧克力（見276頁），然後與鮮奶油攪拌，盡量不混入空氣。以保鮮膜直接貼附表面。

4. 用刀子將橙皮切碎。巧克力－鮮奶油混合物降至25°C時加入柑曼怡。

5. 在巧克力注模中擠入甘納許，加入橙皮碎粒。靜置室溫12小時使其結晶，15-17°C更佳。

6. 預結晶剩餘的條溫牛奶巧克力，封模（見34頁）。靜置於室溫處（15-17°C最理想）48小時使其結晶。

BONBONS TREMPÉS NOISETTE SÉSAME

榛果芝麻
披覆夾心巧克力

大解密

Comprendre

牛奶巧克力　　　芝麻粒　　　榛果芝麻帕林內

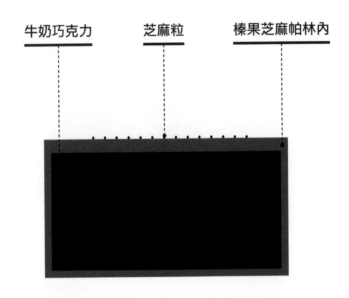

這是什麼？

榛果帕林內芝麻糊內餡，披覆牛奶巧克力。

製作所需時間

準備：3小時
靜置：12小時（榛果芝麻內餡），48小時（巧克力結晶）

製作所需器材

果汁機
15×15公分框模
溫度計
巧克力用膠片
巧克力浸叉

困難處

調溫巧克力的預結晶
披覆

製作所需技法

巧克力預結晶（見24頁）

塗刷防沾巧克力（見273頁）
巧克力結晶（見24頁）
以巧克力浸叉浸泡披覆巧克力（32頁）
裝飾糖果（見36頁）

製作流程規劃

前兩天：芝麻糊－帕林內
前一天：榛果芝麻內餡
當天：披覆

1

2

3

4

可製作約35個糖果

1 榛果帕林內

去皮榛果100公克
糖100公克
水35公克

2 芝麻糊

黑芝麻200公克

3 榛果芝麻占度亞

調溫牛奶巧克力50公克
榛果帕林內150公克
芝麻糊190公克
可可脂50公克

4 披覆

調溫牛奶巧克力800公克

製 作 榛 果 芝 麻 披 覆 夾 心 巧 克 力

1. 製作榛果帕林內（見40頁）。

2. 製作芝麻糊：芝麻放入平底鍋，以小火烘炒5至10分鐘，並不時翻拌。倒入烤盤靜置冷卻。放入果汁機打碎，期間必須刮下杯壁沾黏的芝麻糊，攪打至表面出現一層薄薄的油即可。

3. 準備200公克披覆用巧克力，塗刷後放上框模（見24頁）。製作榛果芝麻占度亞：隔水加熱融化巧克力（見276頁）。混合芝麻糊和榛果帕林內，加入可可脂和巧克力。

4. 占度亞內部溫度降至30°C時，倒入框模抹平，靜置於室溫處（15-17°C最理想）48小時使其結晶（見25頁）。

5. 預結晶其餘的披覆用調溫巧克力。用刀子沿著框模內側劃一圈，使榛果芝麻占度亞脫模，上方塗刷防沾巧克力（見273頁）。

6. 塗刷層尚未完全冷卻時，切成2.5×2.5公分的糖果。

7. 用巧克力浸叉將甘納許浸入巧克力披覆（見32頁），立刻撒上芝麻裝飾（見36頁）。靜置室溫48小時使其結晶，15-17°C更佳。

脆片帕林內
披覆夾心巧克力

大解密
Comprendre

金粉

脆片　　　黑巧克力

帕林內

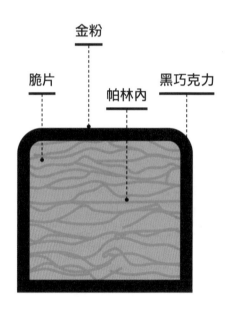

這是什麼？

帕林內和脆片內餡，披覆黑巧克力。

製作所需時間

準備：2小時
靜置：12小時（甘納許），48小時（巧克力結晶）

製作所需器材

15×15公分框模

桌上型攪拌機裝葉片
溫度計
巧克力用膠片和巧克力浸叉

困難處

調溫巧克力的預結晶
披覆

製作所需技法

塗刷防沾巧克力（見273頁）
巧克力結晶（見24頁）
以巧克力浸叉浸泡披覆巧克力
（32頁）

製作流程規劃

前一天：甘納許
當天：披覆
兩天後：享用

可製作35個糖果

帕林內

去皮杏仁75公克
榛果75公克
糖150公克
水60公克

酥脆帕林內

可可含量66%調溫黑巧克力45公克
可可脂20公克
帕林內250公克
脆片125公克（或是壓碎的法式脆餅）

披覆

可可含量66%調溫黑巧克力800公克
脆片10公克
金粉1小撮

1. 預結晶披覆用調溫巧克力，塗刷後放上框模（見24頁）。
   製作帕林內（見40頁）。製作巧克力：以45°C隔水加熱融化巧克力和可可脂（見276頁），然後降溫至29°C。

2. 桌上型攪拌機裝葉片，帕林內倒入攪拌缸。一邊攪拌一邊倒入巧克力可可脂，混合至均勻。溫度需降至24到25°C。

3. 加入脆片，用矽膠刮刀拌勻，避免過度攪碎脆片。

4. 脆片帕林內倒入框模至1公分高，蓋上膠片，靜置於室溫處（15-17°C最

理想）12小時使其結晶。

5. 製作裝飾：用手壓碎脆片，加入金粉。用刀子沿著框模內側劃一圈，使脆片帕林內脫模，上方塗刷防沾巧克力（見273頁），靜置數分鐘凝固後翻面。巧克力塗層完全冷卻前，用主廚刀切成3×1.5公分的糖果。

6. 披覆巧克力（見32頁），巧克力浸叉在調理盆邊緣刮去多餘的巧克力，並立刻撒上金粉脆片裝飾（見283頁）。靜置室溫處（15-17°C最佳）48小時使其結晶。

占度亞注模夾心巧克力

大解密
Comprendre

牛奶巧克力　　　　　　　　占度亞

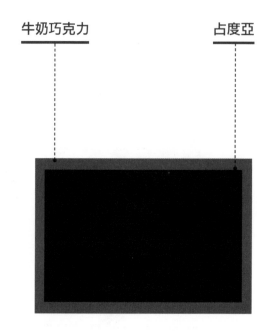

這是什麼？

牛奶巧克力注模，填入占度亞牛奶巧克力甘納許。

製作所需時間

準備：2小時
靜置：甘納許脫模後需12小時，封模後48小時

製作所需器材

聚碳酸酯模具
溫度計
巧克力用膠片

困難處

預結晶巧克力

製作所需技法

糖果注模（見34頁）

建議

多餘的占度亞裝入盒中，能常溫保存2週，可用於其他食譜。

訣竅

小心攪拌，盡量不要混入空氣：手持攪拌棒的攪拌頭緊貼調理盆底部，輕輕搖動以去除刀片周圍的空氣，持續攪拌1分鐘，期間不拿起攪拌棒。

製作流程規劃

前一天：注模－甘納許
當天：封模
兩天後：脫模

可製作約20個糖果

占度亞

可可含量66%調溫黑巧克力60公克

帕林內
去皮杏仁25公克
榛果25公克
糖50公克
水20公克

占度亞甘納許

調溫牛奶巧克力150公克
占度亞40公克
液態鮮奶油（乳脂肪30%）65公克
轉化糖漿25公克
奶油30公克

披覆

調溫牛奶巧克力600公克

1. 取三分之二的調溫巧克力進行預結晶，注模。製作占度亞（見40頁）。製作甘納許：隔水加熱巧克力（見276頁），離火加入占度亞。

2. 鮮奶油和轉化糖漿放入鍋中煮至沸騰。

3. 鮮奶油倒入步驟1，混合，加入奶油，攪打均勻。以保鮮膜直接貼附表面。

4. 甘納許降至27℃時，填入擠花袋，擠入注模巧克力，靜置於15-17℃處12小時使其結晶（見25頁）。

5. 預結晶其餘的調溫牛奶巧克力，封模（見34頁），靜置於室溫處（15-17℃最佳）48小時使其結晶。

ROCHERS PRALINÉ
帕林內岩石巧克力

大解密
Comprendre

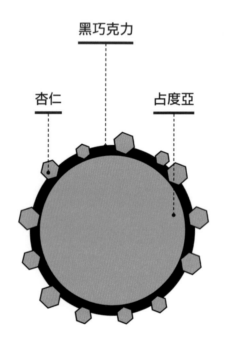

黑巧克力

杏仁　　　　　　　占度亞

這是什麼？

裹滿黑巧克力和杏仁碎粒的占度亞球。

製作所需時間

準備：2小時
烘烤：20分鐘
靜置：12小時（甘納許），48小時（結晶）

製作所需器材

溫度計
擠花袋、手套
巧克力用膠片

變化

以10公克切成0.1公分細丁的糖漬橙皮取代10公克杏仁碎粒。
使用牛奶巧克力取代黑巧克力、杏仁可換成榛果。

困難處

預結晶巧克力
披覆

製作所需技法

烘烤（見283頁）
巧克力預結晶（見24頁）
巧克力結晶（見24頁）
以巧克力浸叉浸泡披覆巧克力（32頁）

訣竅

要讓杏仁更顯眼，可在披覆巧克力後，將糖果放入杏仁碎粒滾動沾黏，而非將杏仁直接加入披覆巧克力中。

製作流程規劃

前一天：帕林內－占度亞
當天：披覆－結晶
兩天後：享用

可製作30個岩石巧克力

占度亞

可可含量66%調溫巧克力120公克

帕林內(200公克)
榛果50公克
杏仁50公克
糖100公克
水35公克

塑形

糖粉40公克

披覆

可可含量66%調溫巧克力500公克
杏仁碎粒40公克

1. 製作占度亞（見40頁）。占度亞降至35℃時，裝入擠花袋，擠成核桃大小的圓頂。靜置12小時使其結晶（見25頁）。

2. 以160℃烘烤杏仁碎粒（見283頁）20分鐘，取出靜置冷卻。戴上手套，掌心抹上薄薄一層糖粉，防止占度亞沾黏。快速將圓頂揉成球形，以免占度亞融化。

3. 預結晶調溫巧克力（見24頁）。戴上手套，掌心放少許調溫巧克力，在掌心間滾動占度球，然後將之放在鋪烘焙紙的烤盤上。

4. 杏仁碎粒加入其餘的披覆用調溫巧克力，戴上手套，掌心放少許杏仁碎粒巧克力，然後將占度亞球放入掌心滾動。完成的岩石巧克力球放在膠片上。靜置於室溫處（15-17℃最理想）48小時使其結晶（見25頁）。

ROCHERS VANILLE-COCO
香草椰子岩石巧克力

大解密
Comprendre

白巧克力

打發香草
甘納許

椰子粉

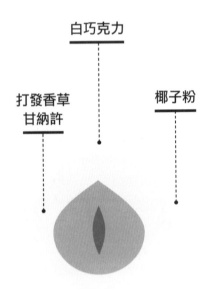

這是什麼？

球形打發香草白色甘納許，包有榛果，裹上白巧克力和椰子粉。

製作所需時間

準備：1小時30分鐘
烘烤：20分鐘
冷凍：6小時
靜置：6~24小時

製作所需器材

擠花袋裝8mm圓形花嘴
溫度計
球形多連模
手套
巧克力用膠片

變化

以15公克開心果醬取代香草。

困難處

打發甘納許

製作所需技法

烘烤（見283頁）

訣竅

若使用半圓模具，裝至半滿，放入榛果後輕輕壓入。冷凍4小時。脫模後冷凍保存。再度填裝半圓模具，放上已完成的榛果半球，做成球形，轉動使上下半球充分黏合。冷凍4至24小時。製作披覆。

製作流程規劃＆保存

前兩天：烘烤－甘納許
前一天：注模
當天：披覆
可冷藏保存1週。

可製作70個岩石巧克力

完整榛果30公克

打發香草甘納許

白巧克力150公克

液態鮮奶油（乳脂肪含量30%）250公克

香草莢2根

吉利丁2公克

披覆

可可脂3公克

白巧克力300公克

椰子粉80公克

1. 以170°C烘烤榛果（見283頁）約20分鐘。取出放在乾燥處冷卻。

2. 香草莢縱剖刮出香草籽加入鮮奶油中，製作打發香草甘納許（見44頁）。鮮奶油過濾淋入巧克力。

3. 甘納許靜置完成後，桌上型攪拌機裝葉片，甘納許放入冰涼的攪拌缸，以一段速（共四段），甚至可用二段速打發。擠花袋裝8mm圓形花嘴，填入甘納許。

4. 模具放上烤盤，甘納許填入半球至幾乎全滿，放上一顆烘烤過的榛果輕壓，蓋上另一半模具，從洞口處填滿圓模。在工作檯上輕敲烤盤以排出氣泡。可視需要補滿圓模。冷凍至少6小時。

5. 椰子粉倒在烘焙紙上。使用美可優*的方法（見30頁）預結晶披覆巧克力。圓球脫模，戴上手套，掌心放少許披覆巧克力，放上圓球滾動，然後浸入披覆巧克力，用巧克力浸叉取出。輕輕搖晃以去除多餘的巧克力，然後將巧克力球放入椰子粉中滾動。

FUDGE CHOCOLATCARAMEL
焦糖巧克力軟糖

大解密

Comprendre

香草巧克力焦糖

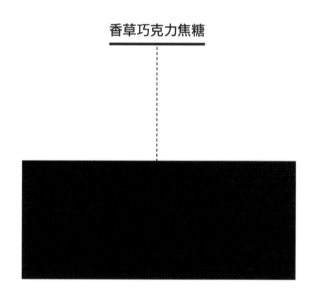

這是什麼？

巧克力香草軟焦糖。

製作所需時間

準備：1小時
靜置：12小時

製作所需器材

15×15公分框模
溫度計
矽膠烤墊

變化

可在倒入框模之前加入糖漬薑丁。

困難處

煮焦糖
焦糖注入模具

製作所需技法

在焦糖中加入液體（見282頁）

建議

糖果切塊後以保鮮膜包起，避免吸收濕氣。鮮奶油倒入糖漿時，注意溫度不可降至110°C以下，確保整體混合均勻。製作硬式焦糖時，整體要達到121°C。

製作流程規劃

前一天：焦糖
當天：切塊包裝

可製作約35個糖果

水50公克
糖215公克
葡萄糖漿20公克
液態鮮奶油（乳脂肪35%）135公克
香草莢1根
奶油90公克
鹽2公克
純可可膏70公克

1. 烤盤鋪矽膠烤墊，放上框模。鍋中倒入水，然後加入糖，一邊攪拌煮至沸騰。鍋子離火，以沾溼的刷子清潔鍋子內壁。加入葡萄糖漿，鍋子放回火上煮至145°C，不可攪拌。

2. 同時間，鮮奶油和縱剖的香草莢與香草籽一起加熱。沸騰後轉到最小火，取出香草莢，加入奶油和鹽。

3. 鮮奶油分批倒入焦糖，同時一邊攪拌。

4. 倒入可可膏，調高火力使整體達到118°C。立刻倒入框模，靜置冷卻後將保鮮膜貼附表面，避免受潮。靜置12小時。

5. 用刀子沿著框模內側劃一圈脫模，畫出2.5×2.5公分的標線（見273頁），以主廚刀切成小塊。

MOULAGE ŒUF
注模巧克力蛋

大解密
Comprendre

黑巧克力

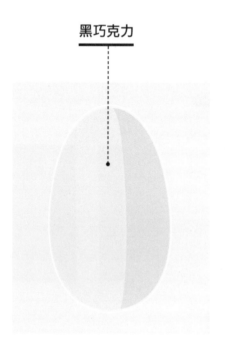

這是什麼？

使用注模技法製作的蛋形巧克力，裡面裝有復活節綜合造型巧克力。

製作所需時間

準備：2小時
靜置：48小時（巧克力結晶）

製作所需器材

塔圈
聚碳酸酯20公分蛋形模具
巧克力用膠片
Rhodoïd®塑膠圍邊
擠花袋

變化

可使用調溫牛奶巧克力或調溫白巧克力。若使用這兩種巧克力，需同時調溫。

製作所需技法

巧克力預結晶（見24頁）
巧克力結晶（見24頁）

建議

不可用雙手緊貼拿取，以免巧克力升溫。戴上手套避免留下指紋。

製作流程規劃

前兩天：注模
當天：裝飾－黏合

可製作20公分巧克力蛋1個

可可含量至少60%巧克力1公斤
復活節綜合造型巧克力150公克

製作注模巧克力蛋

1

2

3

4

5

6

7

1. 用棉布充分清潔模具，擦去所有指紋和灰塵。巧克力用膠片上放塔圈，內側放Rhodoïd®塑膠圍邊。預結晶900公克調溫巧克力（見24頁）。用刷子在兩片模具內側薄塗一層調溫巧克力，組成一個完整的蛋。靜置數分鐘，然後以鏟刀刮除整理凹模外的巧克力（見271頁）。塔圈填入1公分高的調溫巧克力做為底座。

2. 半蛋模具裝滿調溫巧克力，輕敲以排出氣泡，倒出巧克力後再度輕敲，然後放在塔圈上，使多餘的巧克力流下。另一側的半蛋模具進行同樣步驟。

3. 靜候數分鐘，以鏟刀刮除整理凹模外的巧克力，兩半模具重新淋入一層調溫巧克力，直接放在膠片上，形成黏合處的邊緣。靜置於室溫（15-17℃最理想）處48小時使其結晶。

4. 將兩個半蛋互相摩擦內側的巧克力邊緣使其脫模。移除塔圈和內側的Rhodoïd®塑膠圍邊。

5. 將剩下的100公克調溫巧克力預結晶，裝入擠花袋，在兩片半蛋上畫出細條紋做為裝飾。

6. 燒一鍋滾水，放上烤盤。戴上手套，將一片半蛋放在熱烤盤上數秒，拿起裝入綜合造型巧克力。將另一片半蛋放上烤盤，然後兩片立刻黏合成完整的蛋。

7. 靜候數分鐘，接著巧克力蛋的底部，放上底座即完成。

MOULAGE POULE
注模巧克力母雞

大解密
Comprendre

白巧克力

黑巧克力

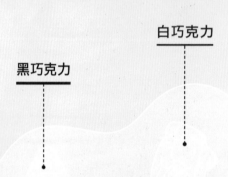

這是什麼？

使用注模技法製作的巧克力母雞。

製作所需時間

準備：2小時
靜置：48小時（巧克力結晶）

製作所需器材

聚碳酸酯15公分母雞造型模具
紙折擠花袋

小筆刷

製作所需技法

巧克力預結晶（見24頁）
巧克力結晶（見24頁）

建議

不可用雙手緊貼拿取，以免巧克
力升溫。

製作流程規劃

前兩天：注模
當天：脫模

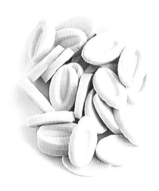

可製作15公分巧克力母雞1個

調溫白巧克力100公克
可可脂1公克
可可含量至少60%調溫黑巧克力
600公克

製作注模巧克力母雞

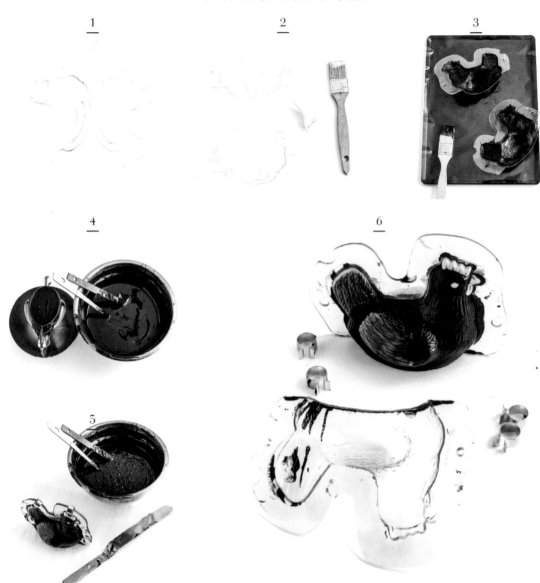

1   2   3

4   6

5

1. 用棉布充分清潔模具。

2. 使用美可優®的技法（見30頁）
   ，預結晶900公克調溫巧克力。
   以紙折的小擠花袋在模具上填
   入母雞的眼珠和喙。用刷子在
   雙翅和尾部薄塗一層調溫巧克
   力。

3. 預結晶調溫黑巧克力，用刷子
   在模具內側薄塗一層調溫巧克
   力，關緊。

4. 靜置數分鐘，模具裝滿調溫巧
   克力，輕敲以排出氣泡。翻面
   使多餘的巧克力流出，靜置數
   分鐘，然後重複步驟。

5. 靜置於室溫處（15~17°C最理
   想）48小時使其結晶。

6. 小心取下兩片模具脫模。

MOULAGE BOÎTE
注模巧克力盒

大解密
Comprendre

黑巧克力

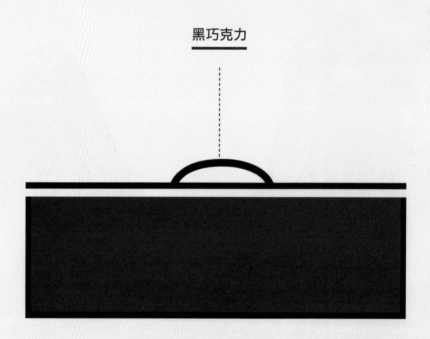

這是什麼？

使用注模技法製作的巧克力盒。

製作所需時間

準備：2小時
靜置：48小時（巧克力結晶）

製作所需器材

直徑8公分塔圈
直徑6公分慕斯圈
直徑22公分慕斯圈

直徑24公分慕斯圈
金屬刷
刷子
鏟刀
Rhodoïd®塑膠圍邊

困難處

刷出紋理

製作所需技法

巧克力預結晶（見24頁）
巧克力結晶（見24頁）

製作流程規劃

前兩天：注模
當天：刷出紋理－脫模

建議

製作盒底時，注意要以刷子塗上多層巧克力：裝入巧克力時，底部可能還有些脆弱，因為做為支撐的保鮮膜有彈性，不如構成側面的圈模硬挺。使用金屬刷時，輕柔地掃出紋路，以免弄碎盒子，用乾燥的刷子掃去巧克力碎屑。

可製作22公分圓盒1個

可可含量至少60%的調溫黑巧克力
1.2公斤

準備器材

製作盒底和盒蓋：用保鮮膜包住22公分和24公分慕斯圈的底部，用橡皮筋將保鮮膜固定在圈模外圍。把手：用保鮮膜包起8公分塔圈，內層鋪Rhodoïd®塑膠圍邊，放入6公分慕斯圈，外層圍上Rhodoïd®塑膠圍邊。

製作注模巧克力盒

1. 預結晶調溫巧克力（見24頁）。盒蓋：24公分塔圈底部倒入0.5公分厚的巧克力。兩個小圈模之間的環狀空間倒入1公分高的巧克力，用來製作把手。

2. 製作盒子：用刷子在22公分圈模內壁和底部薄塗一層巧克力。靜置數分鐘使其凝固，然後用鏟刀清除超出模具的巧克力（見271頁）。重複此步驟3至4次，直到形成足夠堅固的底部。

3. 盒身的慕斯圈裝入3公分高的巧克力，轉動圈模，使調溫巧克力分佈至邊緣。翻面去除多餘的巧克力。靜置凝固數分鐘，然後重複此步驟。

4. 倒扣在烘焙紙上整平邊緣。盒身翻面，數分鐘後以鏟刀修邊。將圓盒的三個零件靜置於室溫處（15~17°C最理想）48小時使其結晶。

5. 盒身、盒蓋和把手脫模。

6. 以溫熱的刀刃將把手切成兩半，做成半圓巧克力圈。

7. 用金屬刷在盒蓋上方和把手輕輕打磨。

8. 用金屬刷小心打磨盒身外部。

9. 隔水加熱（見276頁）烤盤，放上把手數秒鐘使其融化，接著立刻放上盒蓋黏合。在盒中裝滿糖果。

注模綜合造型巧克力

大解密
Comprendre

黑巧克力
白巧克力、牛奶巧克力

這是什麼？

使用黑巧克力、白巧克力或牛奶巧克力製作，傳統造型是魚或貝殼。

製作所需時間

準備：1小時
靜置：48小時（巧克力結晶）

製作所需器材

聚碳酸酯模具
溫度計
巧克力用膠片
刷子

困難處

巧克力預結晶

製作所需技法

巧克力預結晶（見24頁）
巧克力結晶（見24頁）

建議

若想製作花紋效果，舉例來說，可同時預結晶（見25頁）100公克調溫白巧克力和300公克調溫黑巧克力。以乾燥的刷子沾取調溫白巧克力點綴在模具中，靜候數分鐘，然後刮除超出模具的巧克力（見271頁）。接著倒入調溫黑巧克力。

製作流程規劃

當天：預結晶－注模
兩天後：脫模

可製作300公克綜合造型巧克力

調溫黑巧克力、牛奶巧克力或白巧克力300公克

1. 預結晶（見24頁）選用的調溫巧克力。

2. 用乾燥的刷子沾取調溫巧克力塗滿模具，靜候數分鐘，然後以鏟刀刮除超出凹模的巧克力。

3. 填滿模具。用抹刀的柄輕敲模具，排出氣泡。

4. 用抹刀抹去多餘的巧克力。鋪上一張巧克力用膠紙，然後以抹刀充分整平。

5. 靜置於室溫處（15~17°C最理想）48小時使其結晶（見25頁）。完成結晶後即可脫模。

PLAQUES
巧克力磚

大解密

Comprendre

黑巧克力、白巧克力　　　　　　果乾　　　　　　　　　堅果
或牛奶巧克力

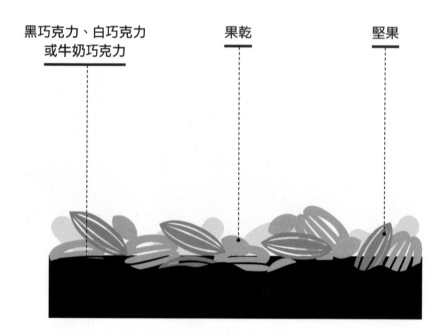

這是什麼？

使用黑巧克力、白巧克力或牛奶
巧克力製作的巧克力磚，上面鋪
滿堅果和果乾。

製作所需時間

準備：1小時
烘烤：20分鐘
靜置：48小時（巧克力結晶）

製作所需器材

16×16公分框模
溫度計
巧克力用膠片

困難處

巧克力預結晶

製作所需技法

烘烤（見283頁）
巧克力預結晶（見24頁）
巧克力結晶（見24頁）

訣竅

若沒有巧克力用膠片，可用烘焙
紙取代。

製作流程規劃

當天：預結晶－注模－結晶
兩天後：脱模

可製作1塊巧克力磚（口味任選）

牛奶巧克力

調溫牛奶巧克力300公克
去皮完整榛果30公克
去皮完整杏仁30公克
核桃30公克
無鹽完整開心果30公克

黑巧克力

可可含量66%調溫黑巧克力300公克
爆米香30公克
糖漬檸檬30公克
小紅莓40公克
香蕉乾20公克

白巧克力

調溫白巧克力300公克
草莓乾10公克
藍莓乾15公克
烤過的腰果30公克
枸杞10公克
小紅莓15公克

1. 以160℃烘烤堅果（見283頁）20分鐘，取出靜置冷卻。糖漬水果切成1公分小段。依照選用的巧克力進行預結晶（見24頁）。

2. 若選擇黑巧克力磚，先將爆米香拌入巧克力再倒入框模。

3. 巧克力用膠片上放框模，倒入巧克力。立刻擺上堅果和糖漬水果，並輕輕壓入巧克力。靜置於室溫（15-17℃最理想）處48小時使其結晶（見25頁）。

4. 完成結晶後，讓巧克力磚掉落在工作檯上使其摔成小塊，也可使用刀子切塊或以木槌敲塊，即可享用。

MENDIANTS
蒙地安巧克力

大解密
Comprendre

黑巧克力　　　　　　堅果

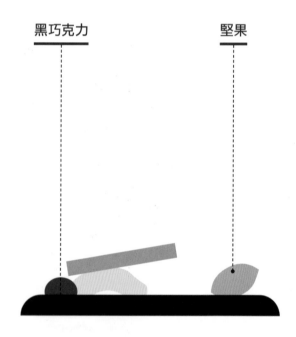

這是什麼？

使用黑巧克力製作的圓片，上面鋪滿堅果和果乾。

製作所需時間

準備：1小時
烘烤：20分鐘
靜置：48小時（巧克力結晶）

製作所需器材

溫度計

巧克力用膠片
擠花袋

變化
以胡桃、枸杞或香蕉乾取代部分堅果和果乾。

困難處
巧克力預結晶

製作所需技法
烘烤（見283頁）
巧克力預結晶（見24頁）
巧克力結晶（見24頁）

建議
注意擠花袋不可握在手中太久，因為體溫高於巧克力的使用溫度，可能會導致完成的巧克力出現霜斑。

訣竅
若沒有巧克力用膠片，可用烘焙紙取代。

製作流程規劃
當天：預結晶－組裝－結晶
兩天後：享用

可製作40個蒙地安巧克力

可可含量66%調溫黑巧克力300公克
去皮完整榛果30公克
去皮完整杏仁30公克
小紅莓30公克
開心果30公克
糖漬柳橙和檸檬40公克

1. 以160°C烘烤堅果（見283頁）20分鐘，取出靜置冷卻。
2. 糖漬水果切成1公分小段。
3. 預結晶巧克力（見24頁）。裝入擠花袋，然後剪一個小洞。在巧克力用膠片上擠出一排圓形：垂直握住擠花袋，以拇指和食指捏著末端開口停止巧克力流出，使其自然流動形成直徑2公分的圓片，捏著擠花袋保留充分間隔，然後重複上述步驟。完成最後一排後，放下擠花袋，輕敲烤盤使圓片攤平至直徑3到4公分。立即有序地放上堅果和果乾，輕壓使其陷入巧克力圓片。
4. 靜置於室溫處（15-17°C最理想）48小時使其結晶（見25頁）。

ORANGETTES
巧克力糖漬橙皮

大解密
Comprendre

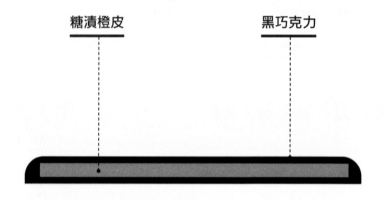

糖漬橙皮   黑巧克力

這是什麼？

披覆黑巧克力的糖漬橙皮條。

製作所需時間

準備：1小時30分鐘
靜置：48小時使巧克力結晶

製作所需器材

溫度計
巧克力浸叉

變化
可用糖漬薑、糖漬檸檬或糖漬葡萄柚取代糖漬柳橙。糖漬柳橙和葡萄柚很適合搭配牛奶巧克力。

困難處
巧克力預結晶
披覆

製作所需技法
巧克力預結晶（見24頁）
巧克力結晶（見24頁）

建議
混合糖粉和馬鈴薯澱粉撒在糖漬水果上，可避免反潮。

製作流程規劃
當天：披覆－結晶
兩天後：享用

可製作約50條巧克力糖漬橙皮

糖漬橙皮條150公克
糖粉30公克
馬鈴薯澱粉30公克

披覆

可可含量66%調溫黑巧克力300公克

1. 混合馬鈴薯澱粉和糖粉。放入糖漬橙皮條，使其充分裹上粉末。

2. 糖漬橙皮過篩以去除多餘粉末。

3. 預結晶巧克力（見24頁）。

4. 分別披覆橙皮條：由下往上垂直浸入再拉出，使調溫巧克力緊緊貼附在糖漬橙皮上，靜置載烘焙紙上時不會流到底部散開。用巧克力浸叉取出時，在調理盆邊緣刮去多餘的巧克力。

5. 靜置於室溫處（15~17°C最理想）48小時使其結晶（見25頁）。

SHORTBREAD MILLIONNAIRE
百萬富翁酥餅

大解密
Comprendre

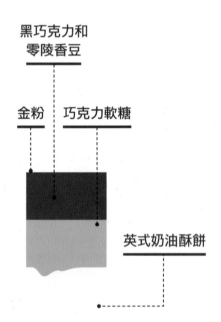

黑巧克力和
零陵香豆

金粉　巧克力軟糖

英式奶油酥餅

這是什麼？

英式奶油酥餅加上奶油、糖和牛奶巧克力製成的軟糖，上層是零陵香豆風味的巧克力。

製作所需時間

準備：1小時30分鐘
煮軟糖：45分鐘
靜置：24小時
冷凍：30分鐘

製作所需器材

16×16框模
溫度計
抹刀
刷子

變化

可在軟糖煮好時加入40公克純可可膏。

困難處

披覆
煮軟糖

製作所需技法

奶油攪拌至奶霜狀
巧克力預結晶（見24頁）

建議

若焦糖黏在鍋子內壁上，必須立刻換用乾淨的鍋子。

製作流程規劃&保存

前兩天：英式奶油酥餅－軟糖
前一天：調溫－結晶
當天：享用
常溫保存，不可冷藏。

… 動 手 做 …

可製作50個（3×1.5公分）

1 英式奶油酥餅

奶油110公克
糖50公克
麵粉135公克

2 軟糖

奶油125公克
黃砂糖125公克
蜂蜜25公克
煉乳200公克

3 裝飾

可可含量66%調溫黑巧克力200公克
零陵香豆1/2顆
金粉1小撮

1. 烤箱預熱至160℃。製作英式奶油酥餅：桌上型攪拌機裝攪拌球，放入奶油和糖攪拌至奶霜狀。加入麵粉混合均勻，壓揉成團（見284頁）。

2. 麵糰放在烘焙紙上擀至0.3公分，戳小孔。放上框模切去多餘的部分，冷凍30分鐘。放入烤箱烘烤20至30分鐘，靜置冷卻。

3. 製作軟糖：所有材料放入鍋中，不斷攪拌，加熱至112℃。

4. 煮好的軟糖立刻倒在奶油酥餅上，用抹刀整理至平整，靜置室溫冷卻。

5. 預結晶調溫巧克力（見24頁），立刻倒入步驟4。刨上零陵香豆粉末。

6. 調溫巧克力開始凝固時標出切線。用刷子刷上金粉。

7. 以主廚刀切塊即完成。

TRUFFES
松露巧克力

大解密
Comprendre

無糖可可

黑巧克力　　　　　　　黑巧克力甘納許

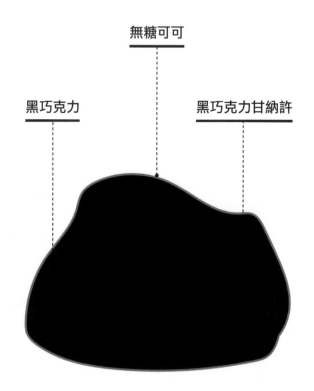

這是什麼？

裹上黑巧克力、沾滿可可粉的甘納許。

製作所需時間

準備：2小時
靜置：12小時（甘納許），48小時（巧克力結晶）

製作所需器材

溫度計
擠花袋裝10mm花嘴
手套
巧克力浸匙

變化

可依照喜好，以辛香料為甘納許增添風味，如零陵香豆、花椒、艾斯佩雷辣椒。

困難處

巧克力預結晶

披覆

製作所需技法

巧克力預結晶（見24頁）
巧克力結晶（見24頁）
披覆糖果（見32頁）

製作流程規劃

前一天：甘納許
當天：披覆－結晶
兩天後：享用

可製作約35個松露巧克力

350公克甘納許

可可含量66%調溫黑巧克力190公克
液態鮮奶油（乳脂肪30%）130公克
牛奶30公克
奶油15公克
葡萄糖15公克
轉化糖漿10公克

塑形

糖粉40公克

披覆

可可含量66%調溫黑巧克力600公克
無糖可可粉60公克

1. 製作黑巧克力甘納許：隔水加熱融化巧克力（見276頁）。同時間，鮮奶油、牛奶、葡萄糖、轉化糖漿、奶油放入鍋中煮至沸騰。將一半的沸騰鮮奶油過濾倒入巧克力，以打蛋器攪拌使整體乳化。過濾倒入其餘的鮮奶油，攪拌約1分鐘但不混入空氣，完成乳化。保鮮膜直接貼附表面，靜置降溫至約35℃。

2. 擠花袋裝10mm圓形花嘴，擠成2公

分的圓頂（見278頁），靜置於室溫處（15-17℃最理想）48小時使其結晶（見25頁）。戴上手套，掌心放少許糖粉，避免甘納許沾黏。將圓頂揉成圓球。

3. 預結晶披覆用調溫巧克力（見25頁）。戴上手套，掌心放入少許調溫巧克力，在其中滾動甘納許圓球。

4. 利用巧克力浸匙，將甘納許圓球浸入調溫巧克力完成披覆（見32頁），放入可可粉中滾動，然後放進濾勺搖動去除多餘的可可粉。靜置於室溫（15-17℃最理想）處48小時使其結晶。

巧克力棒

大解密
Comprendre

金粉

黑巧克力　醋栗果凝

牛奶巧克力
甘納許

堅果底部

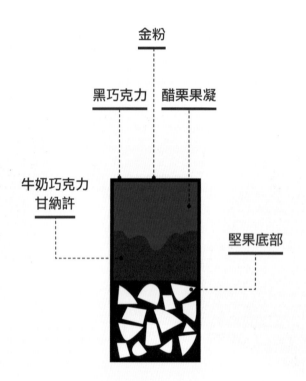

這是什麼？

牛奶巧克力甘納許和醋栗果凝裹滿黑巧克力的香脆巧克力棒。

製作所需時間

準備：3小時
加熱：20分鐘
靜置：12小時（甘納許結晶），4小時（果凍），48小時（巧克力棒結晶）

製作所需器材

16×16公分框模
溫度計
巧克力用膠片
刷子
擠花袋

變化

可依照喜好以覆盆子或百香果取代紅醋栗，變化風味。

製作所需技法

烘烤（見283頁）

隔水加熱（見276頁）
巧克力結晶（見24頁）
吉利丁泡水軟化（見277頁）
巧克力預結晶（見24頁）
塗刷防沾巧克力（見273頁）
塗刷金色裝飾（見283頁）

製作流程規劃&保存

前四天：脆底－甘納許
前三天：果凍
前兩天：披覆－結晶
完成的巧克力棒裝入密封盒可常溫保存1週。

可製作10條巧克力棒

1 脆底

可可含量66%黑巧克力100公克
可可脂8公克
南瓜子15公克
藍莓乾15公克
夏威夷果仁25公克
杏仁碎粒40公克

2 牛奶甘納許

液態鮮奶油（乳脂肪30%）75公克
奶油20公克
轉化糖漿25公克
巧克力牛奶100公克

3 醋栗果凝

紅醋栗果泥250公克
轉化糖漿20公克
糖25公克
果膠6公克
吉利丁4公克

4 塗刷與披覆用巧克力

可可含量66%黑巧克力600公克
金粉

製作巧克力棒

1. 製作脆底：以160°C烘烤杏仁和略為切碎的夏威夷果仁20分鐘。隔水加熱融化巧克力和可可脂（見276頁），巧克力移開熱水，加入南瓜子、藍莓乾、杏仁和夏威夷果仁。拌勻後倒入底部鋪巧克力用膠片的框模，用抹刀整平。

2. 製作牛奶巧克力甘納許：鮮奶油、奶油和轉化糖漿煮至沸騰，淋入巧克力靜候1分鐘，然後攪拌。混合時盡量不要拌入空氣（見276頁），以保鮮膜直接貼附表面，靜置冷卻至32°C。

3. 降溫後，將甘納許以抹刀平鋪在脆底上。靜置於12小時使其結晶。

4. 製作醋栗果凝：吉利丁浸泡冰水軟化（見277頁）。混合糖和果膠粉，醋栗果泥和轉化糖漿煮至沸騰，加入果膠糖，續煮1分鐘，同時一邊攪拌。加入吉利丁混合後倒入調理盆，以保鮮膜貼附表面。

5. 果凝降溫至約28°C時，充分攪拌使質地均勻，以抹刀鋪平在甘納許上。冷藏至少4小時使其凝固。若出現水珠，可用廚房紙巾吸乾。

6. 預結晶調溫巧克力（見24頁），用刷子塗刷在果凝上。巧克力塗層變硬前，用刀子畫出8×3公分的長方形切線，立即以主廚刀切成長方形。

7. 網架下方墊烤盤，放上長方形糖果內餡，預留間隔。擠花袋裝巧克力，剪一個小洞，在每一條糖果上淋滿巧克力，輕輕晃動網架，使多餘的巧克力流下。

8. 巧克力棒放在鋪烘焙紙的烤盤上，以金粉裝飾（見283頁）。靜置於室溫處（15-17°C最理想）48小時使其結晶。

ENTREMETS MACARONS
馬卡龍多層蛋糕

大解密
Comprendre

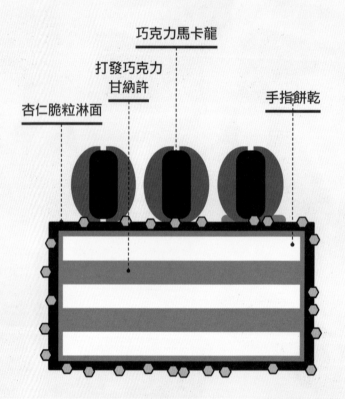

巧克力馬卡龍

打發巧克力
甘納許

杏仁脆粒淋面

手指餅乾

這是什麼？

吸滿糖漿的手指餅乾和甘納許組成的多層蛋糕，外層是杏仁脆粒淋面，以巧克力馬卡龍裝飾。

製作所需時間

準備：3小時
加熱：15分鐘
冷藏：2小時（基底），12小時（馬卡龍），12小時（多層蛋糕淋面）

製作所需器材

擠花袋裝8號圓形花嘴
擠花袋裝單排鋸齒花嘴
擠花袋裝星形花嘴
L抹刀

製作流程規劃

前兩天：打發甘納許－手指餅乾
前一天：馬卡龍外殼－糖漿－夾心－組裝多層蛋糕（手指餅乾＋甘納許）
當天：裝飾－完工

可製作12人份

1 手指餅乾

基底
蛋黃150公克（蛋黃10個）
糖65公克
麵粉65公克
馬鈴薯澱粉65公克

法式蛋白霜
蛋白165公克（蛋白5到6個）
糖65公克

… 動 手 做 …

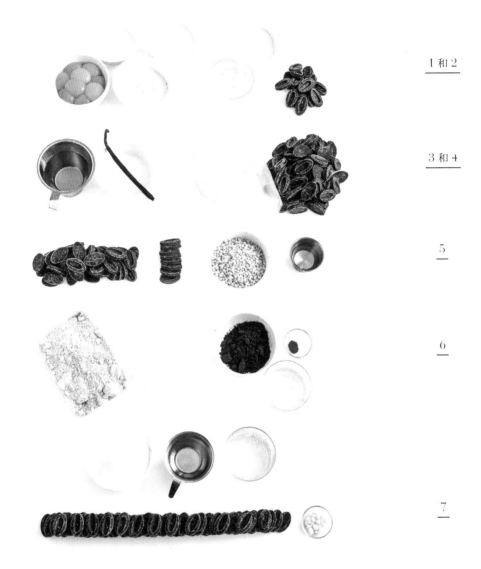

1 和 2

3 和 4

5

6

7

2 巧克力塗層

可可含量66%黑巧克力60公克

3 手指餅乾糖漿

水150公克
糖75公克
香草莢1根

4 打發甘納許

液態鮮奶油（乳脂肪30%）600公克
可可含量66%黑巧克力300公克
吉利丁4公克

5 杏仁脆粒淋面

可可含量66%黑巧克力150公克
牛奶巧克力130公克
葡萄籽油25公克
杏仁碎粒80公克

6 馬卡龍外殼

基底

杏仁粉250公克
糖粉220公克
無糖可可粉30公克

紅色食用色素1小撮
蛋白100公克（蛋白3到4個）

義式蛋白霜

水80公克
糖250公克
蛋白100公克（蛋白3到4個）

7 裝飾

可可含量66%黑巧克力300公克
美可優®可可脂3公克

製作巧克力馬卡龍多層蛋糕

1. 製作打發甘納許（見44頁），分裝成三盒，裝飾用50公克、馬卡龍內餡300公克，其餘用來組裝蛋糕。

2. 製作一盤40×30公分的手指餅乾（見60頁）。製作茶點尺寸的馬卡龍（見146頁）。製作手指餅乾用的糖漿：香草莢縱向剖刮出香草籽，加入水和糖煮至沸騰，一邊攪拌使糖溶解。沸騰後即離火，靜置冷卻至室溫。

3. 組裝多層蛋糕：手指餅乾塗刷防沾巧克力。巧克力變硬後，將蛋糕翻面，撕去底部的烘焙紙，用刷子在蛋糕上刷糖漿使其吸收，切成三個6×24公分的長方形。

4. 打發蛋糕用的甘納許（見44頁）。擠花袋裝8號圓形花嘴，在第一片手指餅乾上縱向擠滿並排的長條甘納許（見278頁）。放上第二片手指餅乾，重複擠花，放上最後一片手指餅乾。

5. 擠花袋裝單排鋸齒花嘴，填入其餘的甘納許，將蛋糕除了底部的每一面擠滿甘納許，接著用抹刀抹平。冷藏2小時使其變硬。

6. 打發馬卡龍用的甘納許（見44頁），擠入內餡（見285頁）。冷藏一晚備用。

7. 製作杏仁脆粒淋面（見72頁）。淋面變溫時，淋滿整個蛋糕；蛋糕放在網架上，最下方墊烤盤以便回收多餘的淋面。冷藏一晚。

8. 打發裝飾用的甘納許，擠花袋裝星形花嘴，填入甘納許。蛋糕放上展示盤，沿著蛋糕長邊做出兩排擠花，將馬卡龍立起放在甘納許上即完成。

SUCCÈS
希克斯

大解密
Comprendre

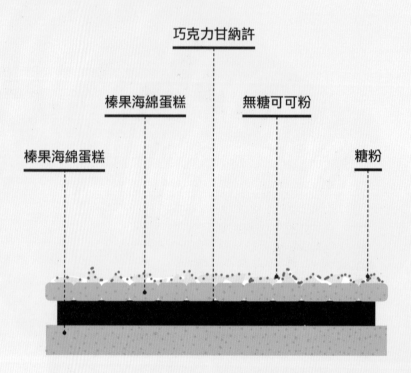

巧克力甘納許

榛果海綿蛋糕

無糖可可粉

榛果海綿蛋糕

糖粉

這是什麼？

兩片大型蛋白霜海綿蛋糕塗上一層巧克力甘納許組合而成的蛋糕。

製作所需時間

準備：40小時
加熱：20至30分鐘
冷藏：6小時

製作所需器材

直徑22公分圈模
擠花袋裝12號圓形花嘴
手持攪拌棒
Rhodoïd®塑膠圍邊

變化

可用榛果粉、開心果粉或核桃粉取代杏仁粉。

困難處

甘納許乳化

製作所需技法

隔水加熱（見276頁）
擠花（見278頁）

建議

利用圈模在烘焙紙上畫出海綿蛋糕的基準圖形。

訣竅

若沒有轉化糖漿，可使用百花蜜或槐花蜜。

製作流程規劃

前一天：甘納許
當天：海綿蛋糕－組裝

1

2

3

可製作8-10人份

1 希克斯海綿蛋糕

蛋糕麵糊
麵粉40公克
榛果粉120公克
糖120公克

法式蛋白霜
蛋白180公克（6個蛋白）
糖60公克

2 巧克力甘納許

可可含量66%黑巧克力330公克
液態鮮奶油（乳脂肪30%）360公克
轉化糖漿60公克

3 裝飾

糖粉30公克
無糖可可粉10公克

製作希克斯

1. 製作甘納許：隔水加熱融化巧克力（見276頁）。鮮奶油和轉化糖漿煮至沸騰。融化的巧克力移開熱水，將三分之一的鮮奶油糖漿淋在巧克力上。以矽膠刮刀從中央混合攪拌，使整體乳化。

2. 再將三分之一鮮奶油糖漿倒入巧克力，混合均勻。加入最後三分之一的鮮奶油糖漿，攪打至充分乳化。圈模底部和邊緣鋪保鮮膜，內側圍上Rhodoïd®塑膠圍

邊。倒入鮮奶油巧克力糊，冷藏至少6小時。

3. 烤箱預熱至180°C。製作希克斯海綿蛋糕：麵粉篩入調理盆，加入榛果粉和120公克的糖混合。製作法式蛋白霜（見69頁）。將粉狀材料倒入蛋白霜，用矽膠刮刀拌勻。

4. 擠花袋裝12號圓形花嘴，以螺旋狀在圈模中擠成圓形（見278頁）。在另一個圈模中擠滿圓頂小球。

5. 烘烤20分鐘至海綿蛋糕呈金黃色。取出烤箱，移去烤盤，以免蛋糕流失水分。

6. 蛋糕冷卻後，將螺旋造型蛋糕片翻面放上展示盤，撕去烘焙紙，擺上甘納許層，接著撕去另一片蛋糕底部的烘焙紙，放在甘納許上。

7. 食用前撒上大量糖粉與少量可可粉。

MACARONS AU CHOCOLAT
巧克力馬卡龍

大解密
Comprendre

可可外殼

黑巧克力甘納許

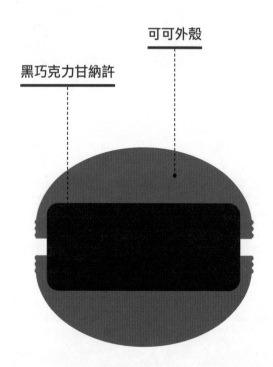

這是什麼？

以蛋白霜、糖粉和杏仁粉製成的基底，加上打發黑巧克力甘納許內餡。

製作所需時間

準備：2小時
烘烤：12至15分鐘
靜置：甘納許需24小時，夾心後的馬卡龍需24小時熟成

製作所需器材

直徑3公分圓切模
攪拌缸和攪拌球
刮板
溫度計
擠花袋裝8號圓形花嘴

變化

辛香料巧克力馬卡龍：1/2根肉桂棒、一個大茴香和（或）10顆小荳蔻放入牛奶甘納許浸泡30分鐘。

困難處

義式蛋白霜
烘烤外殼

製作所需技法

擠花（見278頁）
蛋奶糊打發至可畫出緞帶程度（見281頁）

製作流程規劃＆保存

前兩天：甘納許
前一天：外殼－夾入內餡－熟成
當天：品嚐
夾入內餡的馬卡龍用保鮮膜封緊後放入盒中，可冷凍保存2週。外殼放入盒中可冷凍保存1個月。

可製作40到50個馬卡龍

1 外殼基礎麵糊

杏仁粉250公克
糖粉220公克
無糖可可粉30公克
紅色食用色素1小撮
蛋白100公克（3至4個蛋白）

2 義式蛋白霜

水80公克
糖250公克
蛋白100公克（3至4個蛋白）

3 打發黑巧克力甘納許

液態鮮奶油（乳脂肪30%）300公克
可可含量66%黑巧克力150公克
吉利丁2公克

製作巧克力馬卡龍

1. 製作打發甘納許（見44頁）。描出基準圖形：利用直徑3公分的圓切模在烘焙紙上畫圓。

2. 烤箱預熱至160°C。製作義式蛋白霜：水和糖放入鍋中加熱，以打蛋器攪拌使糖溶解。沸騰時用沾溼的刷子清理鍋子內壁，然後停止攪拌，達到121°C時鍋子離火。桌上型攪拌器桌攪拌球，蛋白放入攪拌缸以中速打發。糖漿中的氣泡消失後，細細倒入持續打發的蛋白，直到冷卻。

3. 製作外殼：杏仁粉、糖粉和可可粉放入調理盆，加入食用色素和蛋白。用刮板混合均勻。

4. 將1/3義式蛋白霜加入步驟3，以刮板混合。

5. 加入其餘的蛋白霜，繼續用刮板以輕盈切拌方式混合。撈起一大團蛋糊，檢查從刮板落下時是否形成可畫出緞帶的程度。若尚未形成緞帶狀，則需繼續混合。蛋糊會在調理盆中攤平。

6. 填裝擠花袋。烤盤鋪烘焙紙（畫有圓形基準圖形的一面朝下，會從背面透出）。以8號圓形花嘴擠出直徑3公分的圓形外殼蛋糊（見285頁）。烘烤12至15分鐘，觸碰外殼時應為固態。取出烤箱，馬卡龍連烘焙紙一起移去烤盤。靜置冷卻。

7. 打發甘納許（見44頁）。取一個外殼，擠上甘納許，在距離邊緣0.3公分處停止（見285頁），蓋上另一片外殼，輕輕轉動將甘納許壓出至邊緣。重複此步驟直到外殼用完。裝入密封盒冷層靜置24小時。

蛋白霜多層蛋糕

大解密
Comprendre

狼牙狀巧克力裝飾

瑞士蛋白霜

帶狀黑巧克力

巧克力慕斯

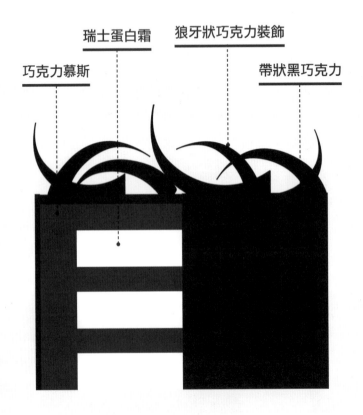

這是什麼？

以圓形蛋白霜和巧克力慕斯組成的多層蛋糕，以黑巧克力裝飾。

製作所需時間

準備：2小時30分鐘
烘烤：1小時30分鐘
靜置：3小時

製作所需器材

直徑22公分圈模
直徑24公分、高10公分圈模
擠花袋裝12號圓形花嘴
Rhodoïd®塑膠圍邊
巧克力用膠片
刷子

製作所需技法

塗刷防沾巧克力（見273頁）
擠花（見278頁）
隔水加熱（見276頁）

製作流程規劃

前一天：蛋白霜
當天：巧克力慕斯－組裝－裝飾

建議

若沒有夠高的圈模可供組裝蛋糕，將Rhodoïd®塑膠圍邊疊成兩倍高：兩片圍邊的長邊重疊以膠帶固定，放入正常高度的圈模即可。

可製作10人份

1 瑞士蛋白霜

蛋白150公克（蛋白5個）
細白砂糖150公克
糖粉150公克

2 塗刷防沾巧克力

可可含量66%黑巧克力100公克
可可脂20公克

3 巧克力慕斯

可可含量至少60%的黑巧克力300
公克
水60公克
糖150公克
蛋黃120公克（蛋黃8個）
液態鮮奶油（乳脂肪30%）500公克

4 裝飾

可可含量66%黑巧克力600公克

製作蛋白霜多層蛋糕

1. 烤箱預熱至90°C。在烘焙紙上用直徑22公分的圈模描出三個圓圈。製作瑞士蛋白霜（見68頁）。擠花袋裝12號圓形花嘴，擠花填滿三個圓圈。烘烤1小時30分鐘。

2. 準備塗刷防沾巧克力：隔水加熱可可脂和巧克力（見276頁），用刷子塗滿蛋白霜，冷藏15分鐘使巧克力變硬。製作巧克力慕斯（見48頁）。直徑24公分的圈模放在巧克力用

膠片上，內側放黏成雙倍高的Rhodoïd®塑膠圍邊。擠入2公分高的慕斯（見278頁），沿著圈模邊緣擠一圈較厚的長條慕斯，然後利用抹刀將慕斯沿著圈模側面往上塗。

3. 放進第一片蛋白霜，輕輕壓入慕斯，擠入2公分厚的巧克力慕斯，放入第二片蛋白霜。

4. 重複此步驟，最後讓第三片蛋白霜與圈模高度切齊。冷藏凝固3小時。

5. 取出多層蛋糕，倒扣在展示盤上，移去圈模、Rhodoïd®塑膠圍邊和巧克力用膠片。

6. 製作巧克力裝飾（見38頁）：用寬形的帶狀巧克力圍住蛋糕，上方以狼牙巧克力裝飾。

MERVEILLEUX
巧克力夾心蛋白霜

大解密
Comprendre

巧克力屑

奶油霜 　　　　　　　　瑞士蛋白霜

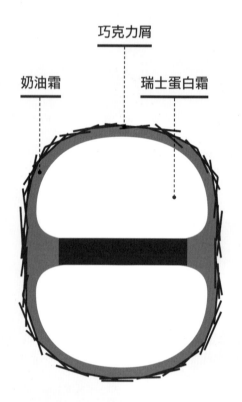

這是什麼？

單顆瑞士蛋白霜塗滿巧克力奶油霜，並以巧克力屑裝飾。

製作所需時間

準備：1小時30分鐘
烘烤：2小時

製作所需器材

擠花袋
12號圓形花嘴
單排鋸齒花嘴

變化
可加入香緹鮮奶油夾心。

製作所需技法
擠花（見278頁）

建議
加入融化純可可膏時，注意溫度不可過高，25°C左右為佳。

製作流程規劃
前一天：蛋白霜－巧克力屑
當天：奶油霜－組裝

可製作30個

瑞士蛋白霜

蛋白150公克（蛋白3至4個）
細白砂糖150公克
糖粉150公克

奶油霜

奶油400公克
純可可膏150公克
蛋200公克（蛋4個）
水100公克
糖260公克

塗刷防沾巧克力

可可含量66%黑巧克力50公克

裝飾

可可含量66%黑巧克力300公克（見38頁）

1. 烤箱預熱至90℃。製作瑞士蛋白霜（見68頁）。擠花袋裝12號圓形花嘴，做出60個直徑3公分、高3公分的圓頂（見278頁），烘烤約2小時，靜置冷卻。

2. 製作奶油霜：提早30分鐘從冰箱取出奶油，使其回溫至膏狀。隔水加熱融化純可可膏（見276頁）。以水、糖和全蛋製作炸彈蛋糊（見46頁），冷卻後，少量多次加入膏狀奶油，同時不斷攪拌，然後加入融化純可可膏。

3. 取一個瑞士蛋白霜，底部塗少許奶油霜，取另一個蛋白霜黏合成圓球。沾滿防沾巧克力。

4. 每一個蛋白霜球插一根牙籤。填裝擠花袋（見278頁），表面擠滿奶油霜。

5. 立刻將蛋白霜球放入巧克力屑中滾動。放入另一個蛋白霜球，重複此步驟。完成後移除牙籤。

CHOCOLAT-FRAMBOISE FEUILLANTINE
巧克力覆盆子脆片

大解密

Comprendre

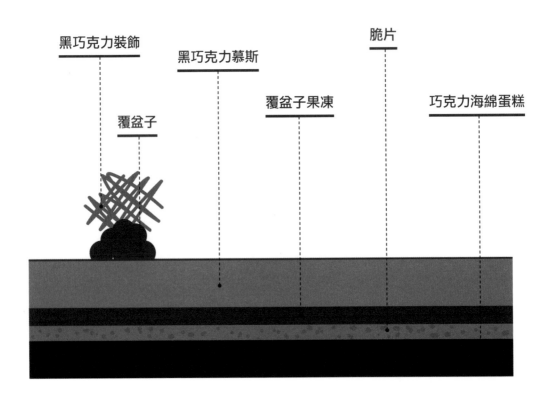

黑巧克力裝飾

覆盆子

黑巧克力慕斯

覆盆子果凍

脆片

巧克力海綿蛋糕

這是什麼？

無麵粉巧克力海綿蛋糕、脆片基底、覆盆子果凍、巧克力慕斯組成的多層蛋糕。

製作所需時間

準備：3小時
烘烤：2小時30分鐘
冷凍：2小時20分鐘
冷藏：4小時

製作所需器材

16×16公分框模
L抹刀

變化

巧克力百香果多層蛋糕：以百香果泥取代覆盆子果泥。
純巧克力版本：不加入覆盆子果凍。

製作所需技法

吉利丁泡水軟化（見277頁）

隔水加熱（見276頁）

訣竅

完成的多層蛋糕只要以保鮮膜密封，可冷凍保存長達3個月。最後再加上裝飾。

製作流程規劃&保存

前兩天：巧克力裝飾
前一天：製作－組裝
當天：裝飾
完整或切塊但不加裝飾的蛋糕，以保鮮膜密封可保存1個月。

1

2

3

4

5

6

可製作10人份

1　無麵粉巧克力海綿蛋糕

蛋白霜
蛋白65公克（蛋白4個）
糖35公克

海綿蛋糕基礎麵糊
蛋黃45公克（蛋黃3個）
糖35公克
無糖可可粉20公克

2　塗刷防沾巧克力

可可含量60%黑巧克力50公克

3　脆片層

脆片70公克
50%帕林內120公克
白巧克力30公克
膏狀奶油20公克

4　覆盆子果凍

覆盆子果泥200公克
糖55公克
吉利丁6公克

5　巧克力慕斯

可可含量至少60%黑巧克力150公克
水25公克
糖60公克
蛋黃50公克（蛋黃3至4個）
液態鮮奶油（乳脂肪30%）250公克

6　裝飾

絲絨效果食用色素噴霧
覆盆子125公克

巧克力裝飾
可可含量66%黑巧克力150公克

製作巧克力覆盆子脆片

1. 製作巧克力裝飾（見38頁）。製作無麵粉巧克力海綿蛋糕（見62頁），麵糊直接倒入框模。冷卻後塗刷防沾巧克力（見273頁）。塗有巧克力的一面放上鋪烘焙紙的烤盤，放上框模，以主廚刀切去多餘的部分。

2. 製作脆片層：隔水加熱白巧克力（見276頁）。桌上型攪拌機裝葉片，帕林內和脆片放入攪拌缸，以低速混合3分鐘。

3. 加入白巧克力和膏狀奶油，以低速混合。整體均勻後，倒在海綿蛋糕上，以抹刀整平。

4. 製作覆盆子果凍：吉利丁泡水軟化（見277頁），100公克的覆盆子果泥和糖放入鍋中煮至沸騰，離火加入吉利丁，混合均勻。吉利丁融化後，離火加入其餘的覆盆子果泥，混合均勻。

5. 果凍倒在脆片層上，冷凍靜置20分鐘使其凝固。

6. 以炸彈蛋糊製作巧克力慕斯（見48頁），完成後立即鋪平在果凍層上抹平，冷凍至少2小時。

7. 絲絨噴霧放入熱水中15分鐘，取出蛋糕，距離30公分噴上裝飾噴霧，使表面形成絲絨效果。用刀子在框模內畫一圈脫模，享用前冷藏至少4小時。

8. 以覆盆子和裝飾用巧克力裝飾。

占度亞多層蛋糕

大解密

Comprendre

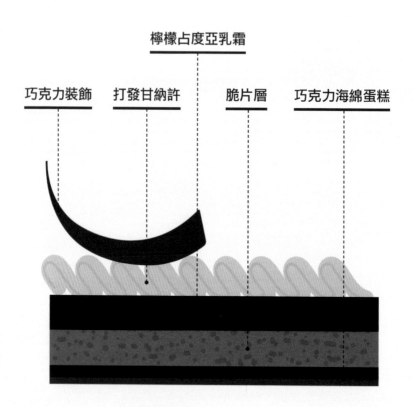

檸檬占度亞乳霜

巧克力裝飾　打發甘納許　脆片層　巧克力海綿蛋糕

這是什麼？

巧克力海綿蛋糕上加脆片層和柔滑檸檬占度亞，加上打發牛奶巧克力甘納許製成的多層蛋糕。

製作所需時間

準備：2小時30分鐘
冷藏：1小時

製作所需器材

16×16公分框模
桌上型攪拌器裝葉片、攪拌缸
L抹刀
擠花袋裝單排鋸齒花嘴

變化

以百香果泥取代檸檬汁，製成百香果乳霜。

製作所需技法

塗刷防沾巧克力（見273頁）
擠花（見278頁）
隔水加熱（見276頁）
製作焦糖（見282頁）

製作流程規劃

前一天：甘納許－無麵粉巧克力海綿蛋糕
當天：脆片層－乳霜－占度亞－組裝－裝飾

1 和 2

3

4

5

6

可製作10人份

1 無麵粉巧克力海綿蛋糕

蛋白霜
蛋白65公克（蛋白4個）
糖35公克

海綿蛋糕基礎麵糊
蛋黃45公克（蛋黃3個）
糖35公克
無糖可可粉20公克

2 塗刷防沾巧克力

可可含量60%黑巧克力50公克

3 脆片層

脆片70公克
50%帕林內120公克
白巧克力30公克
膏狀奶油20公克

4 占度亞檸檬乳霜

50%帕林內120公克
可可含量66%黑巧克力120公克

檸檬汁100公克（約檸檬6個）
液態鮮奶油（乳脂肪30%）50公克

5 打發牛奶巧克力甘納許

液態鮮奶油（乳脂肪30%）300公克
牛奶巧克力150公克
吉利丁2公克

6 裝飾

可可含量66%調溫黑巧克力150公克

製作占度亞多層蛋糕

1. 製作狼牙巧克力裝飾（見38頁）。製作打發甘納許（見44頁）。直接在框模中製作無麵粉巧克力海綿蛋糕（見62頁）。冷卻後塗刷防沾巧克力（見273頁）。

2. 製作脆片層：隔水加熱白巧克力（見276頁）。桌上型攪拌機裝葉片，帕林內和脆片放入攪拌缸，以低速混合3分鐘。加入白巧克力和膏狀奶油，以低速混合。

3. 整體均勻後，倒在海綿蛋糕上，以抹刀整平。

4. 製作檸檬占度亞乳霜：隔水加熱融化巧克力（見276頁）。揉壓檸檬，然後以榨汁機榨取檸檬汁。調理盆中放帕林內，加入融化巧克力，以抹刀混合均勻。鮮奶油加熱至50°C，然後倒入融化巧克力，加入檸檬汁，混合均勻。

5. 倒入框模中的脆片層上，冷藏1小時使其凝固。

6. 多層蛋糕脫模，方塊從中間切成寬度各8公分的長方形，再以主廚刀切至3公分。

7. 打發甘納許（見44頁），填入裝鋸齒花嘴的擠花袋，在每一塊蛋糕上擠花。放上狼牙巧克力裝飾即完成。

OPÉRA
歐培拉

大解密

Comprendre

歐培拉淋面

杏仁海綿蛋糕　　　咖啡糖漿

巧克力甘納許

黑巧克力

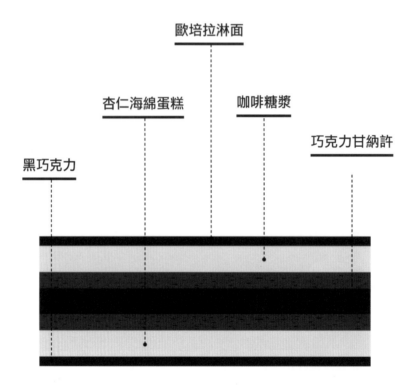

這是什麼？

以杏仁海綿蛋糕、甘納許和咖啡奶油霜組成的多層蛋糕，覆滿歐培拉淋面。

製作所需時間

準備：2小時
烘烤：8至15分鐘
冷藏：4小時+30分鐘

製作所需器材

28×28公分框模

困難處

組裝

製作所需技法

塗刷防沾巧克力（見273頁）
隔水加熱（見276頁）
擠花（見278頁）

建議

組裝時，讓所有材料回溫到室溫，操作時較富延展性。

製作流程規劃&保存

前一天：海綿蛋糕－甘納許－奶油乳霜－咖啡液－組裝
當天：淋面－切塊
上淋面之前的歐培拉以保鮮膜密封，可冷凍保存1個月。

··· 動 手 做 ···

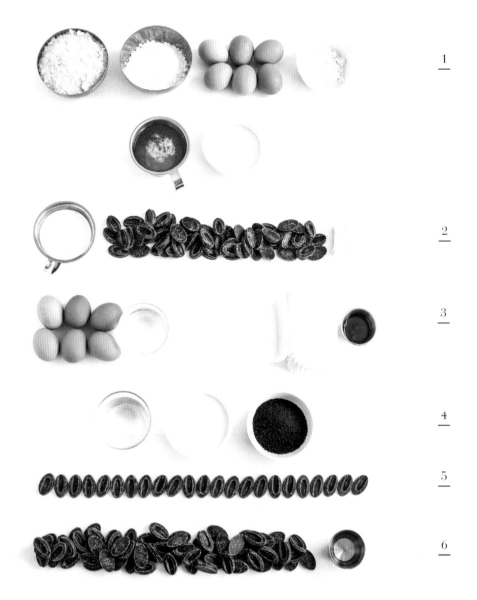

1

2

3

4

5

6

可製作16人份

1　杏仁海綿蛋糕

基礎麵糊
杏仁粉200公克
糖粉150公克
蛋300公克（蛋6個）
蛋黃170公克（蛋黃10至12個）
麵粉30公克

蛋白霜
蛋白200公克（蛋白6至7個）
糖80公克

2　甘納許

液態鮮奶油（乳脂肪35%）200公克
可可含量60%調溫黑巧克力250公克
奶油35公克

3　奶油霜

軟化奶油600公克
蛋300公克（蛋6個）
水150公克
糖390公克
咖啡萃取液30公克

4　咖啡糖漿

水230公克
糖175公克
即溶咖啡15公克

5　塗刷防沾巧克力

可可含量66%調溫黑巧克力60公克

6　歐培拉淋面

可可含量66%調溫黑巧克力250公克
葵花油40公克

製作歐培拉

1. 製作杏仁海綿蛋糕（見64頁）。烘烤前將麵糊分成三等份，每份300公克，填入三個30×40公分的鋪烘焙紙烤盤。以190°C烘烤10分鐘，手指伸進烘焙紙下方時可略微分開蛋糕。取出放在網架上。

2. 製作咖啡糖漿：水和糖煮至沸騰，離火加入即溶咖啡。靜置冷卻。製作甘納許：鮮奶油煮至沸騰後淋入巧克力。靜候片刻後攪拌混合，加入奶油，攪拌時小心不混入空氣（見276頁）。

3. 製作奶油霜。事先取出奶油，使其回溫軟化至膏狀。製作炸彈蛋糊（見

46頁），靜置冷卻。少量多次加入奶油，同時不斷攪拌，最後以咖啡萃取液增添風味。

4. 撕去所有海綿蛋糕底部的烘焙紙：取一張烘焙紙，撒上糖粉，海綿蛋糕倒扣在撒糖粉的烘焙紙上，上方放烤盤，一手輕輕壓住烤盤，一手撕起烘焙紙。

5. 取一片海綿蛋糕塗刷防沾巧克力（見273頁），放入框模，塗巧克力的一面朝下。充分塗刷咖啡糖漿：以手指輕壓蛋糕表面時會溢出糖漿即可。

6. 將一半的奶油霜倒入框模，以抹刀抹開整平。放上第二片海綿蛋糕，同樣

塗滿咖啡糖漿。

7. 用抹刀鋪平甘納許。放上第三片海綿蛋糕，塗滿糖漿，抹滿剩下的奶油霜。冷藏4小時。

8. 製作歐培拉淋面：隔水加熱融化巧克力（見276頁），加入葵花油攪打均勻。蛋糕淋上0.2公分的淋面，冷藏30分鐘。

9. 移去框模。修整邊緣，切成9×3.5公分的長方形。

POIRE-CHOCOLAT CHARLOTTE
洋梨巧克力夏洛特

大解密
Comprendre

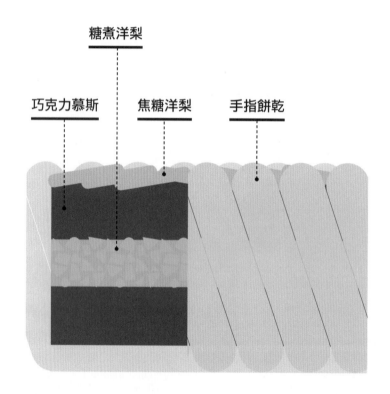

糖煮洋梨

巧克力慕斯　　　焦糖洋梨　　　手指餅乾

這是什麼？

手指餅乾、巧克力慕斯和糖煮洋梨組成的多層蛋糕。

製作所需時間

準備：2小時
烘烤：30分鐘
冷藏：2小時

製作所需器材

直徑24公分圈模
10號圓形花嘴
Rhodoïd®塑膠圍邊

困難處
餅乾擠花

製作所需技法
擠花（見278頁）

訣竅

手指餅乾太乾，組裝時容易碎裂，或是想製作較柔軟的版本，可用刷子將糖煮洋梨的糖漿刷在手指餅乾上。

製作流程規劃

前一天：手指餅乾－糖煮洋梨－焦糖洋梨
當天：巧克力慕斯－組裝－裝飾

可製作8至10人份

1 手指餅乾

基底
蛋黃200公克（蛋黃14至15個）
糖90公克
麵粉90公克
馬鈴薯澱粉90公克

法式蛋白霜
蛋白220公克（蛋白7到8個）
糖90公克

2 巧克力慕斯

液態鮮奶油（乳脂肪30%）90公克
牛奶90公克
蛋黃35公克（蛋黃2個）
糖15公克
可可含量66%調溫黑巧克力260公克
液態鮮奶油（乳脂肪30%）340公克

3 糖煮洋梨

水1公升
糖400公克
香草莢1根
不過熟的洋梨3個

4 焦糖洋梨

不過熟的洋梨5個
糖400公克

製作洋梨巧克力夏洛特

1. 製作糖煮洋梨：洋梨削皮，縱剖為二，去芯。香草莢縱剖刮出香草籽、水、糖煮沸，轉小火至微沸，放入剖半的洋梨。煮15分鐘至洋梨變軟，瀝乾。冷卻後切丁。

2. 製作焦糖洋梨：洋梨削皮，縱剖為二，去芯。平底鍋放糖，製作乾式焦糖（見282頁），離火放入洋梨，用矽膠刮刀輕輕混合，降至中火熬煮，不時翻面混合。煮至洋梨表面出現透明感，取出瀝乾冷卻。

3. 製作手指餅乾麵糊（見60頁）。烤箱預熱至200°C。在烘焙紙上畫兩個直徑22公分的圓形，用擠花袋從圓心向外以規律的螺旋狀擠成圓形（見278頁）。製作兩排手指餅乾，沿著烤盤的長邊擠出寬6公分緊密排列的長條麵糊。烘烤8至15分鐘，靜置冷卻。

4. 烤盤鋪烘焙紙，放上內襯Rhodoïd®塑膠圍邊的慕斯圈模。取一排手指餅乾，切去修平一側的長邊，立起沿著圈模內側放入。取第二排手指餅乾，同樣切去一側長邊，並修整至可和第一排手指餅乾接合，立起放入圈模。

5. 取一個手指餅乾圓片放入圈模底部。製作以英式蛋奶醬為基底的巧克力慕斯（見50頁）。倒入圈模至2公分高。

6. 加入一半的洋梨丁，倒入2公分高的慕斯，放上第二個手指餅乾圓片，重複前述步驟。

7. 鋪上最後一層慕斯完成蛋糕。冷藏靜置2小時

8. 焦糖洋梨切薄片，在夏洛特表面排列成花形即完成。

巧克力鳳梨箭葉橙多層蛋糕

大解密

Comprendre

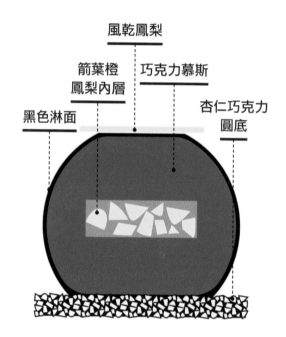

風乾鳳梨

箭葉橙鳳梨內層　　巧克力慕斯

黑色淋面　　　　　　　杏仁巧克力圓底

這是什麼？

黑巧克力慕斯夾入箭葉橙鳳梨內層，放在杏仁巧克力圓底上。

製作所需時間

準備：3小時
烘烤：2小時
冷凍：2×6小時
解凍：4小時

製作所需器材

直徑6至8公分球形模具

3×2公分矽膠多連模
直徑6公分切模
矽膠烤墊
擠花袋
抹刀
牙籤

變化

以萊姆取代箭葉橙

製作所需技法

吉利丁泡水軟化（見277頁）
隔水加熱（見276頁）
沾浸（見32頁）

建議

使用直徑6公分的圓形切模，就可切出大小一致的鳳梨片。圓底和風乾鳳梨存放在乾燥處。

訣竅

若沒有維多利亞鳳梨，亦可使用一般鳳梨。

製作流程規劃

前兩天：箭葉橙鳳梨內層－風乾鳳梨
前一天：圓底－球形慕斯
當天：淋面－裝飾

1

2

3

4

可製作8個多層小蛋糕

1 箭葉橙鳳梨內芯＆風乾鳳梨

維多利亞鳳梨2個
水150公克
糖200公克
吉利丁6公克
箭葉橙1個

2 杏仁巧克力圓底

杏仁碎粒150公克
糖漿50公克（取自熬煮鳳梨的過程）
可可脂10公克
可可含量66%調溫黑巧克力100公克

3 巧克力慕斯

液態鮮奶油（乳脂肪30%）60公克
牛奶60公克
蛋黃25公克（蛋黃2個）
糖10公克

可可含量66%調溫黑巧克力175公克
液態鮮奶油（乳脂肪30%）225公克

4 黑色淋面

水120公克
液態鮮奶油（乳脂肪30%）100公克
糖220公克
無糖可可粉80公克
吉利丁10公克

製作巧克力鳳梨箭葉橙多層蛋糕

1. 製作內層：鳳梨去皮，切成0.2公分的圓片10片，切下的邊緣切成0.5公分見方小丁，去芯。水和糖煮至沸騰，預留50公克糖漿製作焦糖杏仁。鳳梨片和鳳梨丁放入剩餘的糖漿，轉小火微沸熬煮15分鐘。關火瀝乾，糖漿倒入調理盆備用。

2. 鳳梨片放上矽膠烤墊，以90°C烘乾1小時30分鐘左右，期間不時翻面。

3. 吉利丁泡水軟化（見277頁），重新加熱保留的150公克鳳梨糖漿，離火加入瀝乾的吉利丁和箭葉橙皮絲。矽膠多連模放少許鳳梨丁，然後倒入吉利丁糖漿，用湯匙柄攪拌使鳳梨均勻分佈在糖漿中，冷凍至少6小時（隔夜更佳）。

4. 烤箱預熱至160°C。製作圓底：杏仁和預留的糖漿混合，攤平在鋪烘焙紙的烤盤上，烘烤20分鐘，期間不時以矽膠刮刀混拌。靜置冷卻。隔水加熱可可脂和巧克力（見276頁）。移開熱水，加入焦糖杏仁。使用直徑6公分的圓切模製作1公分厚的圓底。略為壓緊，靜置使其變硬。

5. 製作以英式蛋奶醬為基底的巧克力慕斯（見50頁）。將慕斯擠入球形模具底部至3公分厚（見278頁）。用抹刀沿著球形邊緣將慕斯往上塗。鳳梨內層脫模，每一個球形模具放入一片，關上模具，從洞口擠入慕斯填滿。冷凍至少6小時（隔夜更佳）。

6. 製作黑色淋面（見70頁），球形脫模，插入牙籤，浸入淋面，在調理盆邊緣刮去多餘的淋面，直接放在圓底上。冷藏至少4小時解凍。

7. 食用前擺上一片風乾鳳梨即完成。

椰子巧克力多層蛋糕

大解密

Comprendre

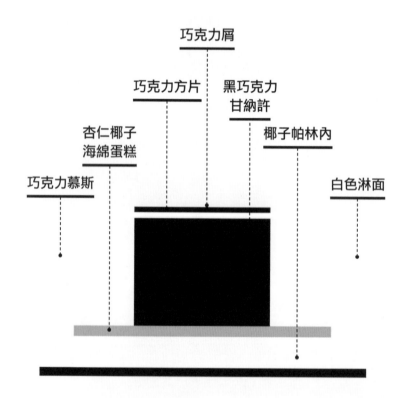

巧克力屑

巧克力方片　　　黑巧克力甘納許

杏仁椰子海綿蛋糕　　　椰子帕林內

巧克力慕斯　　　　　　　　白色淋面

這是什麼？

杏仁椰子海綿蛋糕、椰子帕林內、奶霜甘納許和椰子慕斯組成的多層蛋糕，以白色淋面和椰子粉裝飾。

製作所需時間

準備：3小時
烘烤：1小時
冷凍：2×6小時
解凍：4小時

製作所需器材

直徑7公分慕斯圈模6個
直徑6公分切模
直徑3公分、高2公分矽膠多連模
巧克力用膠片、Rhodoïd®塑膠圍邊

製作所需技法

塗刷防沾巧克力（見273頁）
打發鮮奶油（見280頁）

製作流程規劃

前兩天：椰子裝飾－杏仁椰子海綿蛋糕－椰子帕林內－奶霜甘納許－組裝內層－冷凍
前一天：椰子慕斯－組裝多層蛋糕
當天：淋面－裝飾

可製作6個多層小蛋糕

1 杏仁椰子海綿蛋糕

基礎麵糊

杏仁粉25公克
椰子粉50公克
糖粉75公克
蛋黃40公克（蛋黃3個）
全蛋70公克（蛋1到2個）
麵粉65公克

法式蛋白霜

蛋白115公克（蛋白4個）
糖50公克

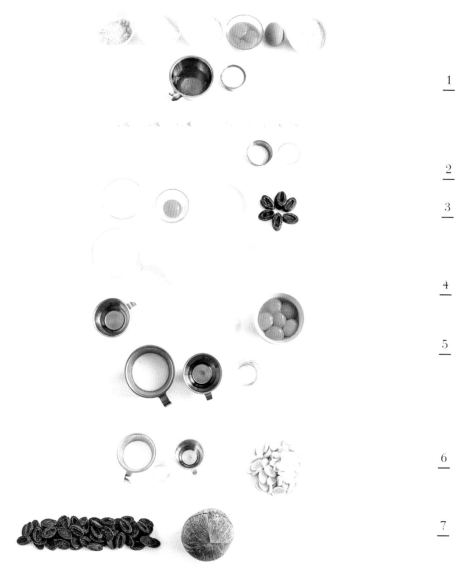

1

2

3

4

5

6

7

2 塗刷防沾巧克力

白巧克力60公克

3 椰子帕林內

椰子粉200公克
糖200公克
鹽之花1公克

4 奶霜甘納許

牛奶125公克
蛋黃25公克（蛋黃2個）
糖25公克

可可含量66%黑巧克力75公克

5 椰子慕斯

基底
液態鮮奶油（乳脂肪30%）160公克
吉利丁6公克
椰子果泥200公克
炸彈蛋糊
水15公克
糖35公克
蛋黃50公克（蛋黃3至4個）

6 白色淋面

牛奶120公克
水30公克
葡萄糖漿50公克
吉利丁6公克
白巧克力300公克

7 椰子裝飾

可可含量66%調溫黑巧克力150公克
椰子1個

製作椰子巧克力多層蛋糕

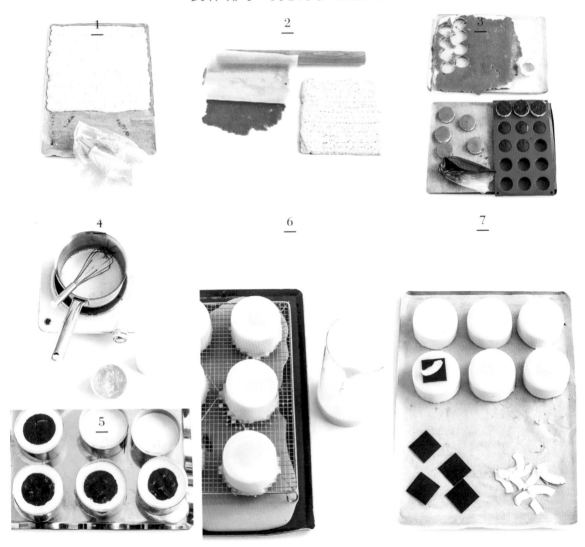

1. 製作裝飾用巧克力方片（見38頁）。製作手指餅乾（見60頁）。

2. 製作椰子帕林內：椰子粉放入烤箱，以160°C烘烤15分鐘，以糖和鹽之花製作乾式焦糖（見282頁）。焦糖呈淺色時離火，加入烘烤過的椰子粉混合均勻。倒在烘焙紙上攤平冷卻，然後用果汁機攪打成滑順的膏狀。放在兩張烘焙紙之間擀平。撕去一張烘焙紙，將帕林內片放在手指餅乾上，整體翻面。

3. 製作奶霜甘納許（見42頁），倒入多連模到十分滿。用直徑4公分的切模將手指餅乾切成圓形，放在甘納許上（塗刷防沾巧克力的一面朝上）。冷凍6小時。

4. 製作椰子慕斯：鮮奶油打發（見280頁），冷藏備用。吉利丁泡水軟化（見277頁），取50公克椰子果泥煮沸，離火加入瀝乾的吉利丁使其融化，倒入調理盆，然後加入其餘的椰子果泥混合均勻。製作炸彈蛋糊（見46頁），取三分之一的打發鮮奶油加入吉利丁椰子果泥，快速攪打。倒入炸彈蛋糊，以打蛋器輕輕混合，加入其餘的打發鮮奶油，用矽膠刮刀輕輕拌勻。

5. 甘納許內層脫模，冷凍備用。慕斯圈模放上巧克力用膠片，內側放Rhodoïd®塑膠圍邊。擠入3公分高的

椰子慕斯（見278頁）。取出冷凍的內層放入圈模，巧克力塗刷面朝上，放入時轉動90度，讓慕斯從周圍浮出來，視情況刮去多餘的慕斯。如有需要，填入慕斯使手指餅乾與圈模邊緣齊高。冷凍6小時。

6. 製作淋面（見75頁）。蛋糕移除圈模，放在網架上，手指餅乾面朝下，取下Rhodoïd®塑膠圍邊，每個蛋糕淋上淋面，放在巧克力用膠片上冷藏解凍至少4小時。

7. 食用前放上一片巧克力方片，撒少許椰子粉。

FORÊT-NOIRE
黑森林

大解密
Comprendre

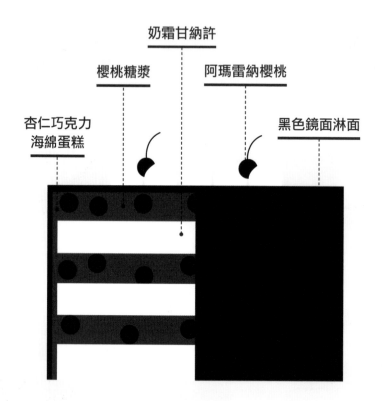

奶霜甘納許

櫻桃糖漿　　　阿瑪雷納櫻桃

杏仁巧克力
海綿蛋糕　　　　　　　　　黑色鏡面淋面

這是什麼？

吸飽糖漿的巧克力海綿蛋糕，夾入奶霜甘納許、阿瑪雷納櫻桃和白色甘納許，外層是黑色鏡面淋面。

製作所需時間

準備：3小時
烘烤：25分鐘
冷凍：4小時

製作所需器材

直徑22公分慕斯圈模
直徑24公分慕斯圈模
直徑12公分慕斯圈模
Rhodoïd®塑膠圍邊
巧克力用膠片
星形花嘴

困難處

淋面

製作所需技法

塗刷防沾巧克力（見273頁）
擠花（見278頁）

建議

上下顛倒組裝蛋糕，可讓成品外型俐落，也能避免冷凍存放時蛋糕凹陷。

訣竅

要讓海綿蛋糕更好切，也更容易吸收糖漿，可用棉布包起，至於室溫兩、三天使其稍微變乾硬。

製作流程規劃

前兩天：白色甘納許－奶霜甘納許－海綿蛋糕－巧克力裝飾
前一天：糖漿－組裝
當天：淋面－裝飾

1

2

3

4

5

6

7

8

可製作10人份

1 杏仁巧克力海綿蛋糕

杏仁粉75公克
糖粉75公克
蛋黃40公克（蛋黃3個）
全蛋70公克（蛋1至2個）
蛋白115公克（蛋白4個）
糖50公克
麵粉35公克
無糖可可粉30公克

2 塗刷防沾巧克力

可可含量66%調溫黑巧克力50公克

3 打發白色甘納許

液態鮮奶油（乳脂肪30%）600公克
香草莢2根
白巧克力150公克
吉利丁6公克

4 奶霜甘納許

牛奶250公克
蛋黃50公克（蛋黃3至4個）
糖50公克
可可含量60%調溫黑巧克力200公克

5 塗刷蛋糕用糖漿

阿瑪雷納櫻桃糖漿200公克
糖30公克

水70公克

6 餡料

阿瑪雷納櫻桃250公克

7 黑色鏡面淋面

水180公克
液態鮮奶油（乳脂肪30%）150公克
糖330公克
無糖可可粉120公克
吉利丁14公克

8 巧克力裝飾

可可含量66%調溫黑巧克力200公克
櫻桃50公克

製作黑森林

1. 製作裝飾用巧克力圓片（見38頁）。製作打發甘納許（見44頁）和奶霜甘納許（見42頁）。製作杏仁巧克力海綿蛋糕（見64頁），可可粉和麵粉同時加入，倒入鋪烘焙紙的22公分圈模，以180°C烘烤約25分鐘，取出靜置於網架上冷卻。

2. 製作塗刷蛋糕用的糖漿：水、糖和櫻桃糖漿放入鍋中，煮沸後靜置冷卻。用鋸齒刀橫切修去蛋糕頂部數毫米，然後將剩下的蛋糕橫切成三等份。底部的蛋糕片塗刷防沾巧克力（見273頁），冷藏靜置5分鐘使其變硬。

3. 打發白色甘納許（預留200公克做為裝飾用），填入擠花袋。24公分圈模內側鋪Rhodoïd®塑膠圍邊，放上鋪巧克力用膠片的烤盤。從圈模底部中心以螺旋狀向外擠出0.5公分厚的圓形，擠到圈模邊緣時，沿著內壁將厚度增加三倍，利用抹刀將甘納許往上抹到圈模邊緣。

4. 擺上一片未塗刷糖漿的海綿蛋糕，輕壓後用刷子塗刷糖漿，直到以手指按壓蛋糕時會略微湧出糖漿。以螺旋狀向外擠出0.5公分厚的圓形，倒入250公克的奶霜甘納許，擺放一半的櫻桃。擺放第二片海綿蛋糕，刷滿糖漿，擠上剩餘的甘納許，倒入奶霜甘納許和櫻桃。塗刷防沾巧克力的海綿蛋糕片刷滿糖漿，巧克力面朝上，疊在甘納許上。冷凍至少4小時。

5. 製作黑色鏡面淋面（見70頁）。多層蛋糕倒扣在網架上，移除Rhodoïd®塑膠圍邊。從周圍往中央淋面，以抹刀輕輕抹去多餘的淋面，蛋糕放上展示盤。冷藏至少4小時讓蛋糕解凍。

6. 以直徑12公分圈模在淋面上做記號。視情況重新打發白色甘納許，用星形花嘴擠滿圓形裝飾，擺上櫻桃和巧克力圓片。

超濃巧克力樹幹蛋糕

大解密

Comprendre

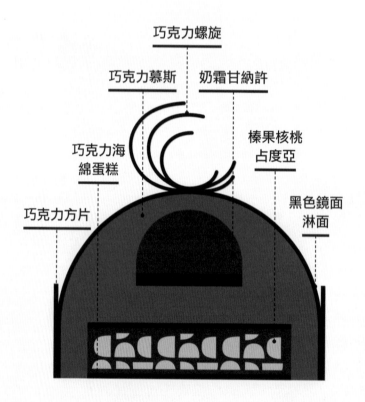

巧克力螺旋

巧克力慕斯　　　奶霜甘納許

榛果核桃
占度亞

巧克力海
綿蛋糕

黑色鏡面
淋面

巧克力方片

這是什麼？

無麵粉巧克力海綿蛋糕、榛果核桃占度亞、奶霜甘納許內層、黑巧克力慕斯組成的樹幹蛋糕，外表是黑色巧克力淋面，以巧克力裝飾點綴。

製作所需時間

準備：2小時30分鐘
烘烤：30分鐘
冷凍：12小時
靜置：2小時

製作所需器材

不鏽鋼夾層模（30×4.5×3.5公分）
不鏽鋼樹幹蛋糕模（30×9×6公分）
磅蛋糕模（30×8×8公分）
樹幹蛋糕底盤

困難處

脫模
淋面

製作所需技法

製作巧克力裝飾（見38頁）
塗刷防沾巧克力（見273頁）
淋面（見279頁）

建議

夾層脫模前，將模具快速浸泡滾燙的水，然後輕輕扭動使空氣進入。操作前放入冷凍庫30分鐘。

製作流程規劃＆保存

前兩天：裝飾－海綿蛋糕－甘納許夾層
前一天：慕斯－組裝
當天：淋面－裝飾－解凍
樹幹蛋糕可以提前3週製作，以保鮮膜緊緊封住冷凍。食用當天製作淋面。

⋯ 動 手 做 ⋯

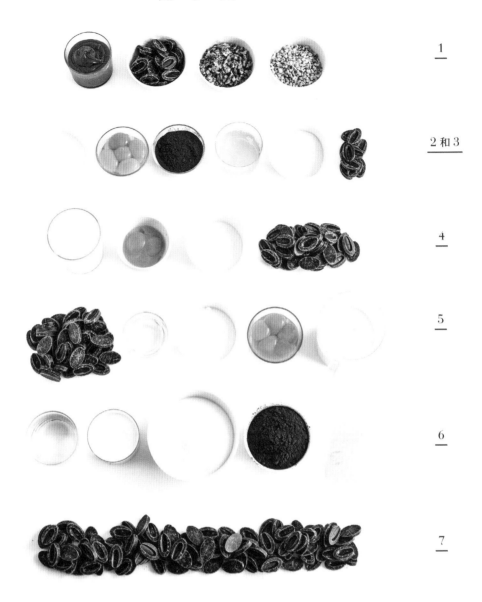

可製作8到10人份

1 榛果核桃占度亞

烤過的切碎榛果45公克
烤過的切碎核桃45公克
巧克力80公克
50%帕林內135公克
白杏仁35公克
榛果35公克
糖70公克
水30公克

2 無麵粉巧克力海綿蛋糕

無糖可可粉40公克

蛋黃90公克（蛋黃5至6個）
蛋白125公克（蛋白4個）
糖70公克+70公克

3 塗刷防沾巧克力

黑巧克力40公克

4 奶霜甘納許

可可含量60%調溫黑巧克力150公克
蛋黃50公克（視大小，蛋黃3至4個）
糖50公克
牛奶250公克

5 巧克力慕斯

可可含量60%調溫黑巧克力200公克

水40公克
糖100公克
蛋黃80公克（蛋黃5至6個）
液態鮮奶油（乳脂肪35%）350公克

6 黑色鏡面淋面

水180公克
液態鮮奶油（乳脂肪30%）150公克
糖330公克
可可粉120公克
吉利丁14公克

7 巧克力裝飾

可可含量60%調溫黑巧克力300公克

185

製作超濃巧克力樹幹蛋糕

1. 製作巧克力裝飾（見38頁）。製作無麵粉巧克力海綿蛋糕（見62頁）。製作奶霜甘納許（見42頁），倒入夾層模具。用主廚刀將海綿蛋糕切成夾層模具的尺寸，放到甘納許夾層上，冷凍6小時。

2. 製作占度亞（見40頁）。其餘的海綿蛋糕塗刷防沾巧克力（見273頁），磅蛋糕模鋪烘焙紙，使冷藏凝固後便於取出，海綿蛋糕的巧克力面朝下放入。占度亞倒在未塗巧克力的蛋糕上，用抹刀整平。靜置冷藏凝固1小時30分鐘。

3. 製作巧克力慕斯（見50頁）。倒入樹幹蛋糕模至3公分高，以抹刀將慕斯塗抹到模具上緣。

4. 奶霜甘納許夾層脫模，圓弧面朝下放入樹幹蛋糕模。

5. 倒入其餘的巧克力慕斯至距離邊緣1公分處。稍微修整占杜亞／蛋糕塊，使其略小於樹幹蛋糕模，刷防沾巧克力的一面朝上放在慕斯上，輕輕下壓讓慕斯從兩側高起至模具邊緣的高度。冷凍至少6小時。

6. 製作黑色鏡面淋面（見70頁）。樹幹蛋糕裹淋面（見279頁）。放在樹幹蛋糕底盤上，冷凍15分鐘使淋面固定，然後冷藏保存。

7. 切去樹幹蛋糕兩端。上桌前，蛋糕兩側放上巧克力方片，上方擺放巧克力螺旋。

BÛCHE CHOCOLAT AU LAIT PASSION

百香果牛奶巧克力樹幹蛋糕

大解密
Comprendre

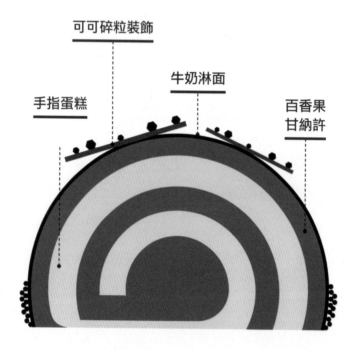

可可碎粒裝飾

牛奶淋面

手指蛋糕

百香果甘納許

這是什麼？

吸滿百香果糖漿的手指餅乾，捲入百香果牛奶巧克力甘納許，裏上牛奶巧克力淋面，並以可可碎粒裝飾的樹幹蛋糕。

製作所需時間

準備：2小時30分鐘
烘烤：30分鐘
冷凍：4小時15分鐘
靜置：6小時

製作所需器材

L抹刀、樹幹蛋糕底盤、刷子

變化

以覆盆子取代百香果，杏仁碎粒取代可可碎粒。

困難處

淋面
捲起蛋糕

製作所需技法

隔水加熱（見276頁）
製作糖漿（見282頁）

製作巧克力裝飾（見38頁）
樹幹蛋糕抹面（見279頁）
淋面（見279頁）

訣竅

製作百香果泥時，將百香果對剖，用細目網篩將果肉過濾至碗裡，並以矽膠刮刀刮壓出汁液。

製作流程規劃

前兩天：手指餅乾－甘納許－巧克力裝飾
前一天：慕斯－抹面
當天：淋面－裝飾

… 動 手 做 …

1

2

3

4

5

可製作8到10人份

1 百香果甘納許

百香果泥240公克（15顆百香果汁液）
牛奶巧克力450公克
膏狀奶油90公克

2 手指餅乾

蛋黃200公克（蛋黃14到15個）
糖90公克

麵粉90公克
馬鈴薯澱粉90公克
蛋白220公克（蛋白7到8個）
糖90公克

3 塗刷蛋糕用百香果糖漿

百香果泥75公克（5顆百香果汁液）
水75公克
糖75公克

4 牛奶淋面

牛奶巧克力250公克
黑巧克力90公克
液態鮮奶油（乳脂肪30%）225公克
轉化糖漿40公克

5 巧克力裝飾

調溫牛奶巧克力300公克
可可碎粒50公克

製作百香果牛奶巧克力樹幹蛋糕

1. 製作可可碎粒圓片（見38頁）。製作甘納許：隔水加熱融化巧克力（見276頁），果泥煮至沸騰，然後倒入移開熱水的巧克力。用打蛋器混合，加入奶油攪拌至均勻。倒入盒子，保鮮膜直接貼附表面，冷藏至少6小時。製作手指餅乾（見60頁）。製作塗刷蛋糕用的百香果糖漿（見282頁）。手指餅乾撕去烘焙紙，無皮的一面用刷子塗上糖漿。

2. 用抹刀稍微攪拌甘納許，取250公克冷藏做為抹面備用。其餘的甘納許以L抹刀塗滿手指蛋糕。

3. 將手指餅乾緊緊捲起形成長條狀，避免氣泡。以烘焙紙包起以維持造型。冷凍至少2小時。

4. 取出冷凍的樹幹蛋糕，以預留的甘納許抹面（見279頁）整體。冷凍至少2小時。

5. 製作牛奶巧克力淋面（見74頁）。樹幹蛋糕裹上淋面（見279頁），放上樹幹蛋糕底盤。冷凍15分鐘使淋面凝固，然後移至冷藏室保存。

6. 切去樹幹蛋糕兩端。上桌前，蛋糕兩側覆滿可可碎粒，上方以圓片裝飾。

ÉCLAIRS
閃電泡芙

大解密

Comprendre

脆皮　　杏仁脆粒淋面

泡芙麵糰

可可克林姆奶油

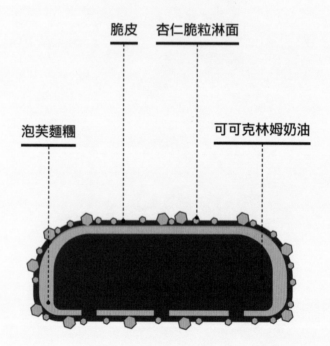

這是什麼？

填入巧克力克林姆奶油的泡芙麵糰，加上脆皮和杏仁脆粒淋面。

製作所需時間

準備：2小時
烘烤：40分鐘
冷凍：30分鐘
靜置：1小時

製作所需器材

擠花袋裝PF12細齒花嘴
擠花袋裝8號圓形花嘴
竹籤

製作所需技法

擠花（見278頁）

訣竅

以120公克可可含量66%黑巧克力取代純可可膏。

製作流程規劃

前一天：脆皮－克林姆奶油
當天：泡芙麵糰－填餡－淋面

可製作12到15個閃電泡芙

泡芙麵糊

水100公克
牛奶100公克
奶油90公克
鹽2公克
麵粉120公克
全蛋200公克（蛋4個）

脆皮

奶油75公克
黃砂糖100公克
麵粉100公克

克林姆奶油

牛奶500公克
蛋黃100公克（6至7個蛋黃）
糖120公克
Maizena®澱粉50公克
純可可膏80公克

杏仁脆粒淋面

可可含量66%黑巧克力150公克
牛奶巧克力130公克
葡萄籽油25公克
杏仁碎粒80公克

1. 製做脆皮（見66頁）。以純可可脂取代奶油製作克林姆奶油（見52頁）。

2. 製作泡芙麵糊（見66頁）。烤箱預熱至230°C。泡芙麵糊填入裝PF12細齒花嘴的擠花袋，在烤盤上擠出12公分的長條（見278頁）。

3. 以主廚刀將脆皮切成12×2公分的長方形。每一條閃電泡芙麵糊上放一片脆皮。

4. 烤箱溫控器調降至170°C，放入泡芙。烘烤20分鐘時短暫打開烤箱門，使水蒸氣散出。烘烤至整體均勻上色（約續烤10-20分鐘）。

5. 閃電泡芙冷卻後，用刀尖在底部戳三個洞。快速攪打克林姆奶油使整體滑順，填入裝8號圓形花嘴的擠花袋，從三個底洞填入內餡至克林姆奶油略微滿出來，掂量時應感覺整體重量均勻。冷凍30分鐘。

6. 製作杏仁脆粒淋面（見72頁）。淋面倒入窄且深的杯子，用竹籤戳起閃電泡芙完全浸入其中，取出時在杯緣刮去多餘淋面，放在烘焙紙上，抽出竹籤。冷藏至少1小時，即可享用。

奶霜巧克力杜斯泡芙

大解密

Comprendre

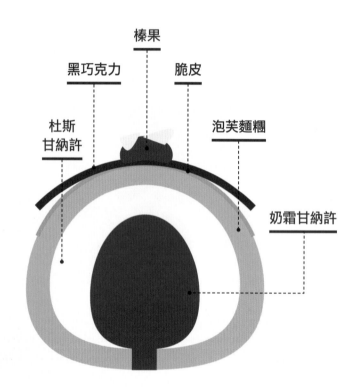

榛果

黑巧克力

脆皮

杜斯
甘納許

泡芙麵糰

奶霜甘納許

這是什麼？

香脆泡芙，內餡是杜斯甘納許和黑甘納許中心，外層有脆皮，裹滿巧克力。

製作所需時間

準備：2小時
烘烤：30至40分鐘
冷凍：20分鐘
靜置：12+4小時

製作所需器材

擠花袋裝6號圓形花嘴
擠花袋裝8號圓形花嘴
溫度計
半圓模
直徑3公分切模

變化

以白巧克力取代杜斯巧克力。

製作所需技法

吉利丁泡水軟化（見277頁）
隔水加熱（見276頁）
攪拌但不混入空氣（見276頁）
擠花（見278頁）

製作流程規劃

前一天：杜斯甘納許－奶霜甘納許－脆皮
當天：泡芙麵糰－填餡－融化巧克力裝飾

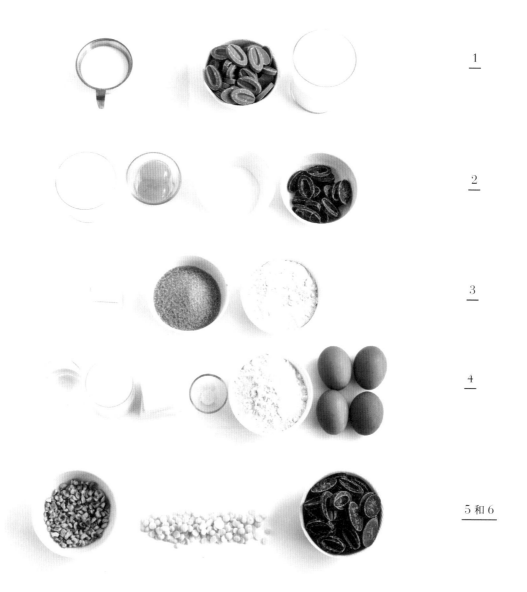

1

2

3

4

5 和 6

可製作20到25個泡芙

1 杜斯甘納許

牛奶150公克
吉利丁3公克
法芙娜®杜斯巧克力280公克
液態鮮奶油（乳脂肪30%）300公克

2 奶霜甘納許

牛奶125公克
蛋黃25公克（蛋黃2個）
糖25公克
可可含量60%調溫黑巧克力50公克

3 脆皮

奶油75公克
黃砂糖100公克
麵粉100公克

4 泡芙麵糊

水100公克
牛奶100公克
奶油90公克
鹽2公克
麵粉120公克
全蛋200公克（蛋4個）

5 巧克力

可可含量66%調溫黑巧克力200公克
可可脂5公克

6 裝飾

烘烤過的碎榛果30公克

製作奶霜巧克力杜斯泡芙

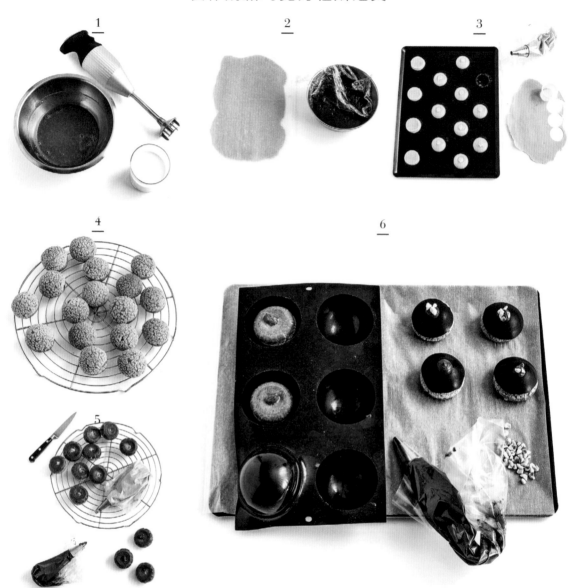

1. 製作杜斯甘納許：吉利丁放入冰水軟化（見276頁），隔水加熱杜斯巧克力（見276頁），牛奶煮沸後離火，放入吉利丁使其融化。三分之一的吉利丁牛奶淋入杜斯巧克力，一邊攪拌使整體乳化，然後倒入其餘的牛奶攪拌至完全乳化。加入鮮奶油，攪拌但不混入空氣（見276頁），整體倒入盒子，保鮮膜直接貼附表面，冷藏一晚。

2. 製作奶霜甘納許（見42頁）和脆皮（見66頁），冷藏一晚備用。

3. 烤箱預熱至230℃。製作泡芙麵糊（見66頁）。泡芙麵糊填入擠花袋，在鋪烘焙紙的烤盤上擠出直徑3公分的泡芙（見278頁）。以直徑3公分切模切下脆皮，放在每個泡芙麵糊上。

4. 烤箱溫控器調降至170℃，放入泡芙。烘烤20分鐘時短暫打開烤箱門，使水蒸氣散出。烘烤至整體均勻上色（約續烤10~20分鐘）。

5. 預留50公克杜斯奶油做為裝飾。用刀尖在泡芙底部戳一個小洞，以裝8號圓形花嘴的擠花袋填入杜斯奶油。奶霜甘納許填入擠花袋，以6號圓形花嘴戳進較深處，在泡芙中心填入內餡。

6. 隔水加熱融化巧克力和可可脂（見278頁），倒入半圓模至1公分深，放進泡芙，冷凍20分鐘。取出泡芙，脫模。以杜斯奶油擠出花形，加上碎榛果裝飾即完成。

PARIS-BREST

巴黎－布列斯特

大解密
Comprendre

泡芙麵糊

帕林內奶油　　　奶霜　　　可可碎粒　　　糖粉
　　　　　　　甘納許

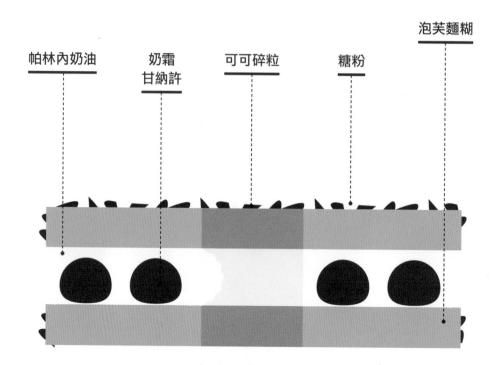

這是什麼？

撒滿可可碎粒的環形泡芙，夾心
是帕林內奶油和奶霜甘納許。

製作所需時間

準備：3小時
烘烤：40至50分鐘
冷凍：4小時
冷藏：12小時

製作所需器材

半圓模
直徑16公分圈模
直徑20公分圈模
擠花袋裝PF12細齒花嘴
刷子

變化

全巧克力巴黎－布列斯特：以50
公克純可可膏取代帕林內。

製作所需技法

吉利丁泡水軟化（見277頁）

擠花（見278頁）

建議

擠出泡芙麵糊時，使用兩個圈模
做為基準圖形：16公分圈模放在
20公分圈模中央。擠出四條相接
的麵糊，然後錯開連接處，在上
方擠三條相接的麵糊。

製作流程規劃

前一天：甘納許－加入吉利丁的
克林姆奶油
當天：泡芙麵糰－烘烤－外交官
奶油－組裝

1

2

3

4 和 5

可製作8人份

1 奶霜甘納許

牛奶125公克
蛋黃25公克（蛋黃2個）
糖25公克
可可含量66%調溫黑巧克力75公克

2 帕林內奶油

克林姆奶油
牛奶250公克
蛋黃50公克（3至4個蛋黃）
糖60公克
Maizena®澱粉25公克
奶油25公克
帕林內80公克
吉利丁4公克

外交官奶油
液態鮮奶油（乳脂肪30%）100公克

3 泡芙麵糊

水100公克
牛奶100公克
奶油90公克
鹽2公克
麵粉250公克
全蛋200公克（蛋4個）

4 裝飾

全蛋30公克（蛋1/2個）
可可碎粒30公克
糖粉30公克

製作巴黎－布列斯特

1

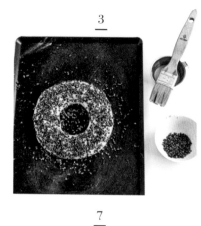

2

3

4

6

7

5

1. 製作奶霜甘納許（見42頁），擠入半圓模（見278頁），冷凍至少4小時。

2. 製作帕林內奶油（見52頁），加入奶油的同時放入帕林內和軟化的吉利丁。倒入容器中，保鮮膜直接貼附表面，冷藏靜置一晚。

3. 製作泡芙麵糊（見66頁）。烤箱預熱至230°C。泡芙麵糊填入擠花袋，烤盤鋪烘焙紙，擠出直徑20公分的圓圈（見277頁）。

用刷子圖刷上色用蛋液，撒上可可碎粒。烤箱溫控器調降至170°C，放入泡芙。烘烤20分鐘時短暫打開烤箱門，使水蒸氣散出。烘烤至整體均勻上色（約續烤20-30分鐘）。

4. 完成外交官奶油：以製作香緹鮮奶油的方式打發液態鮮奶油（見280頁），攪打克林姆奶油時，打發鮮奶油冷藏備用。快速攪打克林姆奶油使整體滑順，倒入三分之一的打發鮮奶

油，以打蛋器混合。加入其餘的打發鮮奶油，用矽膠刮刀輕輕混合。

5. 用鋸齒刀將泡芙圈橫剖為二。底部使用裝PF12細齒花嘴的擠花袋，擠一層外交官鮮奶油。

6. 球狀甘納許脫模，放在外交官奶油上。

7. 使用星形花嘴擠出花形奶油，覆蓋球狀甘納許，放上頂部泡芙。冷藏至少4小時。享用前撒滿糖粉。

TARTE AU CHOCOLAT
巧克力塔

大解密
Comprendre

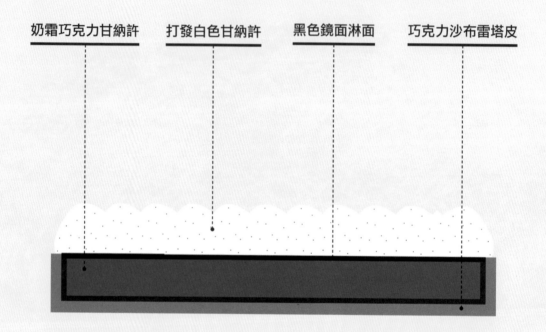

奶霜巧克力甘納許　　打發白色甘納許　　黑色鏡面淋面　　巧克力沙布雷塔皮

這是什麼？

巧克力沙布雷塔底，搭配奶霜甘納許內餡、黑色淋面，並以白巧克力打發甘納許裝飾。

製作所需時間

準備：2小時
烘烤：12至15分鐘
冷凍：1小時30分鐘至2小時
靜置：24小時

製作所需器材

24公分塔圈
擠花袋裝10mm花嘴
聖多諾黑花嘴

困難處

淋面

製作所需技法

擀平麵糰（見284頁）
鋪塔皮（見284頁）
塗刷防沾巧克力（見273頁）
淋面（見279頁）

擠花（見278頁）

建議

確認塔皮熟度：以手指輕壓塔皮，應略帶阻力但仍有些柔軟，冷卻時會變硬。

製作流程規劃

前一天：沙布雷麵糰－白色甘納許－奶霜甘納許
當天：烘烤－塗刷防沾巧克力－淋面－完工

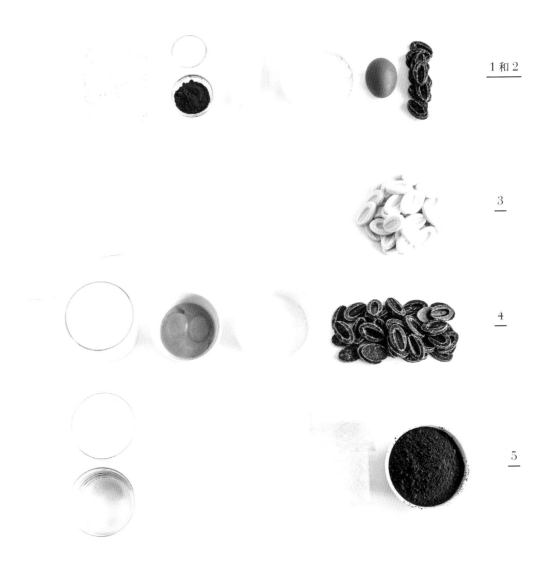

可製作8人份

1 巧克力沙布雷塔皮

麵粉180公克
無糖可可粉20公克
奶油70公克
鹽1公克
糖粉70公克
全蛋60公克（蛋1個）

2 防沾用巧克力

黑巧克力40公克

3 打發白色甘納許

液態鮮奶油（乳脂肪30%）330公克
白巧克力150公克
吉利丁4公克

4 奶霜甘納許

可可含量60%調溫黑巧克力150公克
蛋黃50公克（蛋黃3到4個）
糖50公克
牛奶250公克

5 黑色鏡面淋面

水90公克
液態鮮奶油（乳脂肪30%）75公克
糖165公克
吉利丁8公克
無糖可可粉60公克

製作巧克力塔

1. 前一天先製作巧克力沙布雷麵糰（見58頁）。製作白色甘納許，只加熱一半的鮮奶油（見44頁）。製作奶霜甘納許（見42頁）。

2. 塔圈塗奶油，放在鋪烘焙紙的烤盤上。麵糰充分鬆弛後，擀平（見284頁）鋪入塔圈（見284頁）。用叉子在塔子戳小孔，冷藏1小時。烤箱預熱至150℃，烘烤12至15分鐘。取出靜置冷卻。

3. 冷卻的塔皮底部塗刷防沾巧克力（見273頁）。製作黑色淋面，靜置降溫（見70頁）。

4. 擠花袋裝10mm花嘴，以螺旋狀在塔底填入奶霜甘納許至距離塔圈上緣0.2公分高。冷凍30分鐘至1小時。

5. 從中央淋上黑色淋面，一邊轉動巧克力塔，使淋面完全覆蓋表面（見279頁）。

6. 打發白色甘納許，填入裝聖多諾黑花嘴的擠花袋，擠滿塔頂（見273頁）。

TARTE CHOCO-LAIT
牛奶巧克力塔

大解密

Comprendre

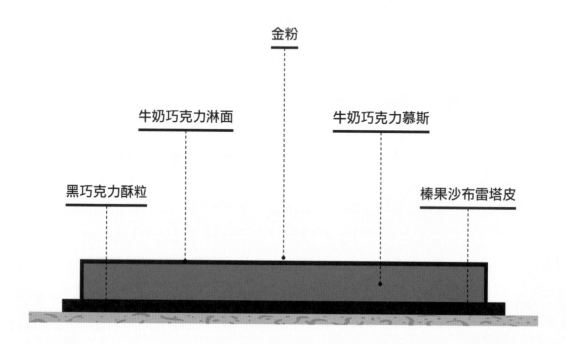

金粉

牛奶巧克力淋面

牛奶巧克力慕斯

黑巧克力酥粒

榛果沙布雷塔皮

這是什麼？

榛果巧克力沙布雷塔底，鋪入黑巧克力酥粒，加上牛奶巧克力慕斯和牛奶巧克力淋面。

製作所需時間

準備：2小時30分鐘
烘烤：45分鐘至1小時15分鐘
冷凍：7小時
靜置：24小時

製作所需器材

Rhodoïd®塑膠圍邊
20公分慕斯圈模
24公分慕斯圈模
噴槍
擠花袋

變化

以牛奶巧克力酥粒取代黑巧克力酥粒，製作全牛奶巧克力的版本。

困難處

圓形慕斯淋面

製作所需技法

隔水加熱（見276頁）
擀平麵糰（見284頁）
鋪塔皮（見284頁）
淋面（見279頁）
裝飾（見38頁）

製作流程規劃

前一天：慕斯－沙布雷麵糰－酥粒
當天：烘烤－淋面－組裝－完工

可製作8到10人份

1 榛果沙布雷塔皮

麵粉180公克
榛果粉40公克
奶油70公克
鹽1公克
糖粉70公克
全蛋60公克（蛋1個）

2 黑巧克力酥粒

黑巧克力100公克
奶油50公克
糖50公克
麵粉50公克
杏仁粉50公克

3 牛奶巧克力慕斯

牛奶巧克力275公克
液態鮮奶油（乳脂肪30%）60公克
牛奶60公克
糖15公克

液態鮮奶油（乳脂肪30%）230公克
蛋黃30公克（蛋黃2個）

4 牛奶巧克力淋面

牛奶巧克力250公克
黑巧克力90公克
液態鮮奶油（乳脂肪30%）225公克
轉化糖漿40公克

5 裝飾

金粉1小撮

製作牛奶巧克力塔

1. 製作巧克力慕斯（見48頁）。20公分圈模外部以保鮮膜包起，用橡皮筋固定。20公分圈模內側放Rhodoïd®塑膠圍邊，倒入牛奶巧克力慕斯，冷凍6小時。

2. 製作榛果沙布雷麵糰（見58頁）。充分鬆弛厚，擀平至0.2公分（見284頁），以24公分圈模切成圓片，冷凍1小時。烤箱預熱至160°C，烘烤20至30分鐘。

3. 製作牛奶巧克力淋面（見74頁）。烤箱預熱至170°C。製作酥粒：切丁奶油、糖、麵粉、杏仁粉混合至粗粒狀。烘烤15至20分鐘，期間不時以抹刀翻拌。酥粒烤至均勻的金黃色時，取出烤盤，靜置冷卻。隔水加熱融化黑巧克力（見276頁）。融化後放入酥粒，以矽膠刮刀拌勻。

4. 24公分慕斯圈模放在塔皮上，倒入酥粒鋪平。冷藏1小時。

5. 撕下保鮮膜，用噴槍加熱圈模外部，幫助慕斯圓片脫模。網架下墊烤盤，放上慕斯圓片，從外向中心淋上淋面。以抹刀抹去多餘的淋面，輕輕搖晃網架。冷凍15分鐘。

6. 多餘的淋面放入擠花袋，末端剪一個小孔，在慕斯圓片上擠出條紋。慕斯圓片放上鋪有酥粒的塔底。冷藏6小時讓慕斯解凍。圓片上吹金粉裝飾即完成。

TARTELETTES SOUFFLÉES
舒芙蕾小塔

大解密
Comprendre

可可粉　　巧克力沙布雷塔皮

舒芙蕾麵糊　　奶霜甘納許

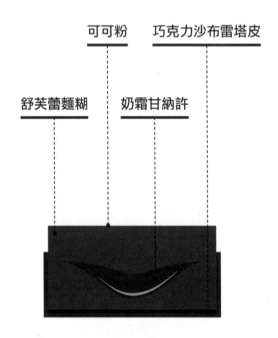

這是什麼？

巧克力沙布雷塔皮，填入奶霜巧克力甘納許和巧克力舒芙蕾麵糊。

製作所需時間

準備：1小時30分鐘
烘烤：25分鐘
靜置：24小時

製作所需器材

8個8公分獨立圈模
10至11公分圓形切模
裝8mm圓形花嘴的擠花袋
擠花袋

困難處

鋪塔皮（見284頁）
製作法式蛋白霜（見69頁）
混合舒芙蕾麵糊（見276頁）

製作所需技法

填裝擠花袋（見278頁）
擠花（見278頁）
塗刷防沾巧克力（見273頁）

製作流程規劃

前兩天：沙布雷麵糰
前一天：鋪塔皮－甘納許
當天：烘烤塔皮－塗刷防沾巧克力－擠花－舒芙蕾
食用前15分鐘：烘烤舒芙蕾－完工

··· 動 手 做 ···

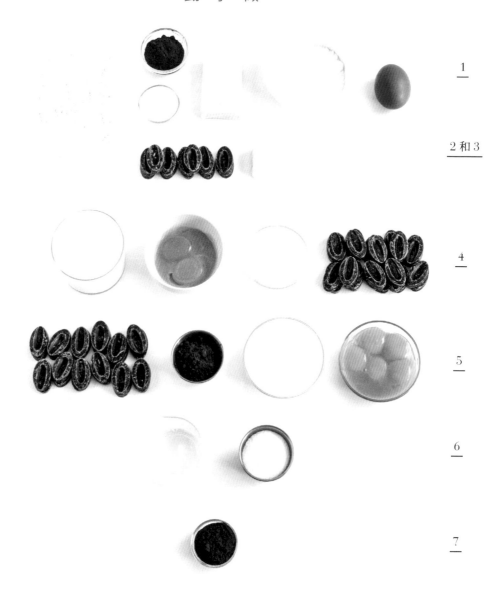

1

2 和 3

4

5

6

7

可製作8個小塔

1　巧克力沙布雷塔皮

麵粉180公克
無糖可可粉20公克
奶油70公克
鹽1公克
糖粉70公克
全蛋60公克（蛋1個）

2　防沾巧克力

可可含量60%黑巧克力40公克

3　塔圈防沾

膏狀奶油50公克

4　奶霜甘納許

可可含量60%黑巧克力100公克
蛋黃30公克（蛋黃2個）
糖30公克
牛奶140公克

5　巧克力舒芙蕾麵糊

可可含量60%黑巧克力100公克
無糖可可粉20公克
牛奶50公克
蛋黃75公克（蛋黃4到5個）

6　法式蛋白霜

蛋白75公克（蛋黃2到3個）
糖55公克

7　裝飾

無糖可可粉10公克

製作舒芙蕾小塔

1. 製作沙布雷麵糰（見58頁）。充分鬆
   弛後，擀平（見284頁），用切模切
   成圓片。烤盤鋪烘焙紙，放上塔圈，
   塔皮鋪入塔圈（見284頁）。切去多
   餘的塔皮（見284頁），冷凍。製作
   奶霜甘納許（見42頁），冷藏備用。

2. 烤箱預熱至160°C，烘烤塔皮12至15
   分鐘。塔底塗刷防沾巧克力防沾（
   見273頁），冷藏15分鐘。擠花袋裝
   8mm圓形花嘴，填入甘納許，從塔皮
   中央以螺旋狀擠入甘納許至圈模一半
   高度。

3. 移去塔圈。烘焙紙剪成4×25公分帶
   狀（寬度必須超過小塔高度）。每
   條烘焙紙以刷子塗上膏狀奶油，放
   入塔圈，奶油面朝內側，然後放入
   小塔。此步驟可確保舒芙蕾均勻膨
   脹，並能輕鬆脫模。冷藏備用。

4. 製作舒芙蕾麵糊：隔水加熱融化巧克
   力（見276頁）。以打蛋器混合蛋黃
   和牛奶，備用。製作法式蛋白霜（見
   69頁）。取1/3蛋白霜倒入融化巧克
   力，快速攪拌。加入過篩的可可粉，
   再度攪打。

5. 加入混合的蛋黃和牛奶。攪拌均勻
   後倒入其餘的蛋白霜，以矽膠刮刀
   拌勻。

6. 舒芙蕾麵糊填入擠花袋，末端剪一個
   小洞，在每個塔圈中擠入2至3公分高
   的麵糊。冷藏備用。

7. 烤箱預熱至200°C。烘烤小塔8至10分
   鐘。出爐後靜置3到5分鐘。小心取
   下塔圈和烘焙紙圈。撒上可可粉，立
   即享用。

TARTE CARAMEL
焦糖塔

大解密

Comprendre

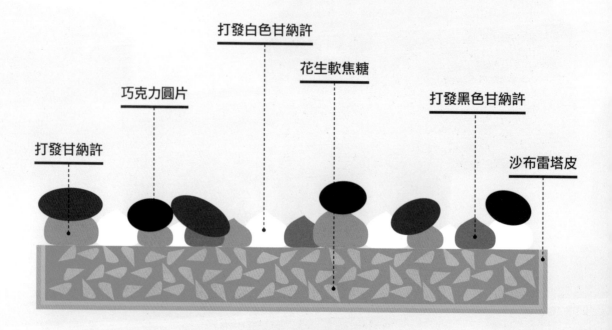

打發白色甘納許

花生軟焦糖

巧克力圓片

打發黑色甘納許

打發甘納許

沙布雷塔皮

這是什麼？

沙布雷塔皮填入花生軟焦糖，擠上黑色、牛奶和白色巧克力打發甘納許。

製作所需時間

準備：2小時
烘烤：30分鐘
冷凍：1小時
冷藏：2小時
靜置：24小時

製作所需器材

直徑24公分塔圈
擠花袋裝6、8、10mm花嘴

變化

以腰果取代花生。

製作所需技法

塗刷防沾巧克力（見273頁）
吉利丁泡水軟化（見277頁）
製作乾式焦糖（見282頁）

製作流程規劃

前兩天：巧克力裝飾
前一天：沙布雷麵糰－甘納許
當天：鋪塔皮－烘烤－焦糖－組裝－裝飾

… 動 手 做 …

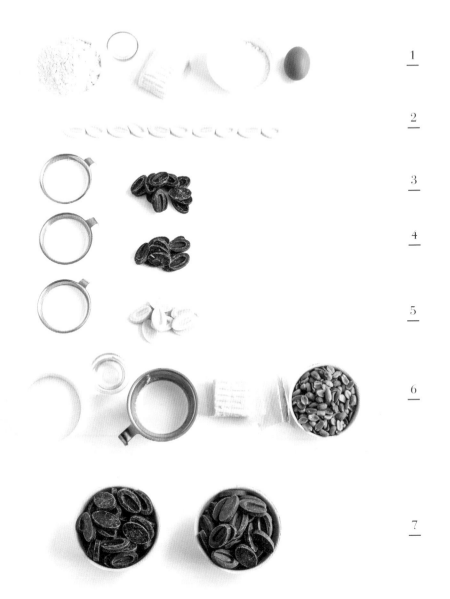

1

2

3

4

5

6

7

可製作10至12個小塔

1 沙布雷塔皮

麵粉200公克
奶油70公克
鹽1公克
糖粉70公克
全蛋60公克（蛋1個）

2 防沾巧克力

白巧克力40公克

3 打發黑色甘納許

液態鮮奶油（乳脂肪30%）120公克
可可含量60%黑巧克力40公克
吉利丁1公克

4 打發牛奶甘納許

液態鮮奶油（乳脂肪30%）120公克
牛奶巧克力40公克
吉利丁1公克

5 打發白色甘納許

液態鮮奶油（乳脂肪30%）120公克
白巧克力40公克

吉利丁1公克

6 花生軟式焦糖

細白砂糖100公克
葡萄糖漿50公克
液態鮮奶油（乳脂肪30%）140公克
奶油70公克
吉利丁2公克
烤過的鹽味花生140公克

7 巧克力裝飾

可可含量66%黑巧克力200公克
牛奶巧克力200公克

製作焦糖塔

1. 製作黑色和牛奶巧克力圓片（見38頁）。製作沙布雷麵糰（見58頁）。製作三種打發甘納許（見42頁）。

2. 麵糰充分鬆弛後，擀平至0.2公分（見284頁）。圈模塗奶油，放在塔皮上，在距離圈模邊緣3公分處切下塔皮，然後鋪入圈模。冷凍1小時。烤箱預熱至160℃，烘烤20至30分鐘。塔皮冷卻後，以刷子塗上融化的防沾用白巧克力（見273頁）。

3. 製作花生軟焦糖：花生略切碎。吉利丁泡冰水軟化（見277頁）。用糖和葡萄糖漿製作乾式焦糖（見282頁），倒入事先加熱的鮮奶油洗起鍋底，沸騰30秒後離火，加入奶油和瀝乾的吉利丁。混合均勻後加入花生。靜置降溫，倒入塔皮，冷藏至少2小時使其凝固。

4. 打發三種甘納許，填入裝三種不同直徑的三個擠花袋。在軟焦糖上隨性擠出（見278頁）圓形和尖形的甘納許。

5. 擺上黑巧克力和牛奶巧克力圓片。

牛奶巧克力胡桃塔

大解密
Comprendre

沙布雷塔皮　　濃郁牛奶甘納許　　胡桃帕林內　　牛奶淋面　　焦糖胡桃

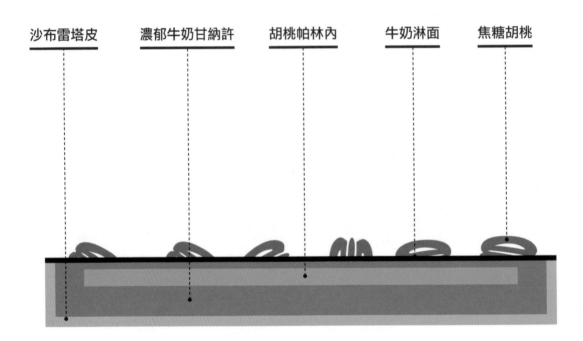

這是什麼？

沙布雷塔皮填入牛奶巧克力甘納許和胡桃帕林內，淋上牛奶巧克力淋面，擺上焦糖胡桃。

製作所需時間

準備：2小時30分鐘
烘烤：30分鐘
冷藏：3小時
冷凍：1小時
靜置：24小時

製作所需器材

24公分塔圈
擠花袋

變化

以黑巧克力取代牛奶巧克力，並以杏仁或榛果取代胡桃。

製作所需技法

塗刷防沾巧克力（見273頁）
擠花（見278頁）

建議

可在前一天製作焦糖胡桃。
完成後可將胡桃放入密封盒常溫保存。

訣竅

可用槐花蜜取代轉化糖漿。

製作流程規劃

前一天：帕林內－沙布雷麵糰－甘納許
當天：鋪塔皮－烘烤－組裝－淋面－焦糖胡桃－裝飾

可製作10-12人份

1 沙布雷塔皮

麵粉200公克
奶油70公克
鹽1公克
糖粉70公克
全蛋60公克（蛋1個）

2 防沾用巧克力

白巧克力40公克

3 胡桃帕林內

胡桃200公克
糖200公克
水80公克

4 濃郁牛奶甘納許

牛奶250公克
蛋黃50公克（蛋黃3到4個）
糖50公克
牛奶巧克力300公克

5 牛奶淋面

牛奶巧克力250公克
可可含量66%調溫黑巧克力90公克
液態鮮奶油（乳脂肪30%）225公克
轉化糖漿40公克

6 焦糖胡桃

糖75公克
水25公克
胡桃100公克

製作牛奶巧克力胡桃塔

1. 製作胡桃帕林內（見40頁），以胡桃取代杏仁和榛果。製作沙布雷麵糰（見58頁）。製作濃郁牛奶甘納許（見42頁），以牛奶巧克力取代黑巧克力。

2. 麵糰充分鬆弛後，擀平至0.2公分（見284頁）。塔圈塗奶油放在塔皮上，距離圈模邊緣保留3公分空間切成圓片，鋪入塔圈，冷凍1小時。烤箱預熱至160℃，烘烤20至30分鐘。塔皮冷卻後，移除塔圈，以刷子沾取融化的白巧克力，塗刷防沾巧克力（見273頁）。

3. 甘納許裝入擠花袋（見278頁），在塔皮填入0.5公分厚的甘納許，擠到邊緣時增加兩倍厚度。

4. 帕林內裝入擠花袋（見278頁），擠在甘納許上，到雙倍厚度的甘納許邊緣時停下。

5. 帕林內上擠甘納許完全覆蓋，在距離塔皮0.2公分處停下，以便稍後淋面。冷藏靜置2小時。

6. 製作牛奶淋面（見74頁），靜置降溫。製作焦糖胡桃：水和糖放入鍋中煮至115℃。離火加入胡桃，以木杓攪拌至糖變成粗結晶狀。放回爐上以中火繼續加熱約5分鐘，同時繼續攪拌，直到堅果焦糖化。到在烘焙紙上，靜置降溫，剝開黏住的焦糖胡桃。

7. 塔面倒上淋面：從中央開始，略微往周圍傾斜，使淋面流到邊緣。冷藏至少1小時使其凝固。食用前放上焦糖胡桃。

PAINS AU CHOCOLAT
巧克力麵包

大解密
Comprendre

巧克力甘納許

可頌可可麵糰

原味可頌麵糰

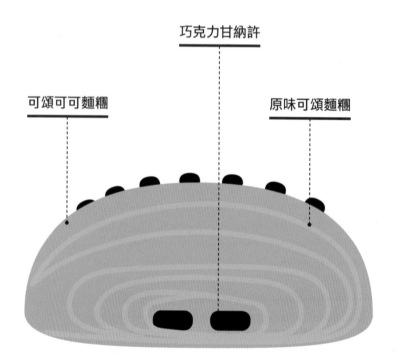

這是什麼？

原味和巧克力可頌麵糰，填入巧克力甘納許。

製作所需時間

準備：2小時30分鐘
烘烤：20至30分鐘
冷藏：30分鐘
靜置：24小時

製作所需器材

攪拌缸和攪拌勾
擠花袋裝10號花嘴

困難處

水麵糰夾入奶油

製作所需技法

折疊擀平麵糰（見276頁）

建議

巧克力麵包可提前一天完成組裝，冷藏保存。當天靜置發酵膨脹後再烘烤。這類麵糰的折疊擀平不可超過三次，否則膨脹效果將不理想。折疊越多次，層次也用緊密。

製作流程規劃&保存

前一天：甘納許－水麵糰
當天：組裝－發酵－烘烤
生巧克力麵包以保鮮膜封緊後可冷凍保存15天。

1

2 和 3

可製作約10個麵包

1　可頌麵糰

水麵糰
新鮮酵母23公克
水190公克
牛奶200公克
麵粉750公克
鹽15公克
糖80公克
奶油層
奶油275公克
巧克力麵糰
無糖可可粉15公克

2　巧克力甘納許

可可含量60%調溫黑巧克力200公克
牛奶100公克

3　上色用蛋液

蛋黃30公克（蛋黃2個）
牛奶30公克

製作巧克力麵包

1. 製作甘納許：牛奶煮至沸騰，淋在巧克力上靜候1分鐘，然後混合均勻。填入擠花袋，在烘焙紙上擠出兩條40公分的長條，冷藏備用。

2. 製作水麵糰：桌上型攪拌器裝攪拌勾，攪拌缸中依序倒入剁碎的酵母、水、牛奶、麵粉、鹽和糖，以中速攪拌5分鐘。取400公克水麵糰加入可可粉混合。麵糰以保鮮膜包起，冷藏一晚。

3. 輕輕敲打夾層用奶油，使其軟化同時避免溫度變高，整理成35×20公分的長方形。原味水麵糰擀成約50×20公分的長方形。夾層用奶油放在水麵糰上，將上方的水麵糰往下折到奶油的中間。下方往上折，疊在往下蓋的水麵糰上。用擀麵棍從中央往兩端輕輕擀長。製作雙折：麵糰轉90度，使開口朝右，以擀麵棍輕壓上下各3公分處封住麵糰，以同樣手法每隔幾公分往中央輕壓擀開，使整體擀長。必須朝自己的方向擀成60公分的帶狀，下方10公分處往上折，以擀麵棍輕壓封起，然後將上端麵糰往下折，使末端與封口處切齊，輕壓封起。再次將上方麵糰往下對折，完全蓋住下半部，從中央往兩端輕輕擀開。此時已完成2.5次折疊。冷藏30分鐘。

4. 原味麵糰和巧克力麵糰皆擀40×30公分。原味麵糰刷水，鋪上可可麵糰，以擀麵棍擀平使兩者密合。

5. 切去麵糰兩端，使邊緣整齊俐落。縱向切成兩份。用刀片在麵糰表面斜切劃出刀痕。麵糰翻面，讓原味面朝上。

6. 第一份長方形上放一條甘納許，捲起。另一份長方形麵糰重複相同步驟。

7. 切成10公分長的柱狀，放上鋪烘焙紙的烤盤，麵糰收尾處朝下，輕壓。刷上牛奶蛋黃液幫助烘烤上色。放置室溫1小時30分鐘至2小時，可頌體積應膨脹至兩倍。烤箱預熱至210℃，烘烤20至30分鐘。

布里歐修

大解密

Comprendre

可可布里歐修

這是什麼？

使用發酵麵糰製成的輕盈甜麵包，以原味麵糰和巧克力麵糰組成。

製作所需時間

準備：1小時30分鐘
烘烤：45分鐘
靜置：24小時

製作所需器材

攪拌缸
攪拌勾
30×8×8公分磅蛋糕模

困難處

布里歐修整形

製作所需技法

塗刷上色用蛋奶液（見281頁）

製作流程規劃&保存

前一天：麵糰
當天：整形－發酵－烘烤
生麵糰可冷凍保存15天：整形成布里歐修後，放在烤盤上冷凍，完全冷凍後以保鮮膜封起儲存。

可製作1條布里歐修

1 布里歐修麵糰

酵母20公克
全蛋250公克（蛋5個）
麵粉400公克
鹽10公克
糖40公克
奶油200公克

2 巧克力麵糰

無糖可可粉20公克

3 上色用蛋液

蛋黃30公克（蛋黃2個）
牛奶30公克

製作布里歐修

1. 所有材料須事先冷藏至少4小時。製作布里歐修麵糰：桌上型攪拌器裝攪拌勾，攪拌缸依序倒入剁碎酵母、蛋液、麵粉、鹽和糖。以四分之一的速度攪拌至麵糰不沾黏攪拌缸內壁：麵糰會緊掛在攪拌勾上，攪拌時一部分甩在攪拌缸內壁，取下麵糰，重新啟動攪拌。麵糰必須攪拌至充滿彈性但不可變熱。

2. 在工作檯上以擀麵棍敲打奶油使其軟化。取出三分之一的麵糰，在檯面大略和奶油混合。麵糰放回攪拌缸，以攪拌勾攪打至完全均勻。

3. 取350公克麵糰和可可粉攪拌。以保鮮膜包起兩種麵糰，靜置一晚。

4. 原味麵糰擀成約40×30公分的長方形，可可麵糰亦然。用刷子在原味麵糰上薄塗清水，放上可可麵糰。用擀麵棍輕壓擀平，使兩者密合，切去兩端使邊緣整切利落。

5. 捲成長條形，縱切成兩份長條。

6. 兩條半圓形麵糰編成麻花狀，同時注意讓切面朝外。

7. 放入事先鋪烘焙紙的烤模。製作上色用蛋奶液：蛋黃加入牛奶稍微攪打混合（見281頁）。用刷子塗上第一層。蓋上保鮮膜，將布里歐修置於室溫發酵1至2小時，直到體積變成兩倍。

8. 烤箱預熱至200℃。再次塗刷上色用蛋奶液。放入烤箱，溫度調降至160℃，烘烤約45分鐘。布里歐修出爐，靜置10分鐘後脫模放在網架上。

BABAS
巴巴

大解密
Comprendre

打發黑色甘納許

巴巴

可可糖漿

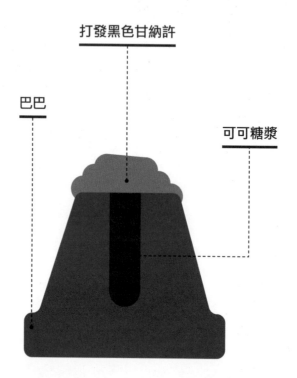

這是什麼？

使用烤熟的發酵麵糰，乾燥後吸飽糖漿，再擠上打發甘納許。

製作所需時間

準備：1小時
烘烤：1小時
冷藏：4小時
靜置：2至3天

製作所需器材

攪拌缸、攪拌勾
直徑5公分矽膠多連模

變化

在糖漿中加入30公克蘭姆酒。
製作辛香料糖漿：大茴香、零陵香豆、肉豆蔻、肉桂和花椒。

困難處

壓入巴巴

訣竅

乾燥的巴巴放入紙箱，可在乾燥處保存1個月。使用模具並在擠花時秤重，可讓巴巴的尺寸一致。

製作流程規劃

前三天：巴巴
前一天：甘納許－巧克力裝飾
當天：糖漿－浸漬－完工

1

2

3

4

可製作12個巴巴

1 巴巴麵糊

酵母15公克
牛奶130公克
全蛋100公克（蛋2個）
麵粉240公克
無糖可可粉10公克
鹽5公克
糖15公克
奶油75公克

2 打發甘納許

液態鮮奶油（乳脂肪30%）300公克
可可含量66%黑巧克力100公克
吉利丁2公克

3 浸漬糖漿

水1公升
糖500公克
無糖可可粉40公克

4 巧克力裝飾

巧克力200公克

製作巴巴

1. 所有材料須事先冷藏至少4小時。桌上型攪拌器裝攪拌勾，攪拌缸依序倒入剁碎酵母、蛋液、麵粉、可可粉、鹽和糖。以中速攪拌至麵糰不沾黏，並會在攪拌缸內壁甩動。麵糰必須攪拌至充滿彈性：用手指拉取時會形成薄透的蜘蛛網狀，不會破掉或斷裂。注意麵糰溫度不可變高。

2. 在工作檯上以擀麵棍敲打奶油使其軟化。取出三分之一的麵糰，在檯面大略和奶油混合。麵糰放回攪拌缸，繼續攪打5分鐘至完全均勻。

3. 停止攪拌。立刻將麵糊填入擠花袋擠入（見278）事先塗奶油的模具。每一格麵糊皆以剪刀剪斷。

4. 巴巴麵糊靜置室溫1小時至1小時30分鐘使其發酵，直到體積變成兩倍。

5. 烤箱預熱至160℃。放入烤箱烘烤30至45分鐘，巴巴脫模放在網架上，續烤15分鐘使其變乾。靜置至完全冷卻。可放在乾燥處2至3天，讓巴巴變乾硬，放入紙箱最理想。

6. 製作打發甘納許（見44頁）。製作巧克力裝飾（見38頁）。製作糖漿：水、糖、可可粉放入鍋中煮沸，熄火。糖漿降溫後，倒入深調理盤，放入巴巴。疊上另一個尺寸較小的烤盤，在巴巴上加重。15分鐘後將巴巴翻面繼續浸漬。手指輕壓巴巴時應不再有阻力。取出巴巴，輕輕壓出多餘的糖漿，避免弄破巴巴。將巴巴放入蛋糕杯。

7. 打發甘納許，在巴巴上擠花，放上巧克力裝飾。

GALETTE DES ROIS
國王派

大解密
Comprendre

可可千層　　　　　　　　　　　　　　奶霜甘納許

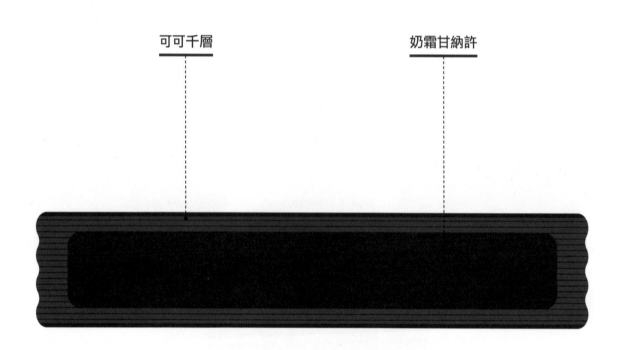

這是什麼？

兩片反轉巧克力千層派皮夾入奶霜甘納許。

製作所需時間

準備：3小時
烘烤：1小時至1小時30分鐘
靜置：9小時

製作所需器材

攪拌缸，搭配攪拌勾和攪拌葉
直徑24公分圈模

變化

以350公克牛奶巧克力取代黑巧克力。

困難處

製作千層
組合國王派

製作所需技法

折疊擀平麵糰（見284頁）
擠花（見278頁）
刻花（見284頁）

建議

烤盤四個角落各放一個圈模，疊上另一個烤盤，可使千層均勻膨脹。

訣竅

使用鋸齒刀橫剖，並以紙板幫助移動國王派，可避免剖開時弄碎派體。

製作流程規劃

前兩天：水麵糰－奶油麵糰
前一天：兩次單折－甘納許－糖漿
當天：兩次雙折－靜置－刻花－烘烤－填餡

1

2

3 和 4

可製作8-10人份

1 反轉千層麵糰

水麵糰
水170公克
鹽15公克
白醋10公克
麵粉360公克

奶油麵糰
奶油450公克
麵粉125公克
無糖可可粉20公克

2 奶霜甘納許

牛奶250公克
蛋黃60公克（蛋黃3到4個）
糖60公克
可可含量66%調溫黑巧克力300公克

3 上色用蛋液

蛋黃30公克（蛋黃2個）
牛奶15公克

4 上光糖漿

水30公克
糖40公克

製作國王派

1. 製作可可反轉千層麵糰（見54頁）。隔天製作奶霜甘納許（見42頁），備用。製作上光糖漿：水和糖煮沸後混合，靜置冷卻。

2. 組裝當天，千層麵糰擀至厚度1公分，冷藏鬆弛1小時。烤箱預熱至180℃。切一片直徑24公分的圓形麵糰，放在鋪烘焙紙的烤盤上。混合蛋黃和牛奶，製作上色用蛋奶液，刷在麵皮上（見283頁）。

3. 取銳利的刀，用刀尖小心劃開千層，在派皮上刻花（見284頁）。

4. 放入烤箱，溫度降至160℃，烘烤1小時到1小時30分鐘，直到派皮層次分明又香脆。取出烤箱，立刻塗刷上光糖漿。

5. 派皮冷卻後，以鋸齒刀橫剖為二，打開擠入奶霜甘納許，放回頂部。食用前以150℃烘烤加熱15分鐘。靜置室溫30分鐘即可享用。

MILLEFEUILLE
千層派

大解密
Comprendre

巧克力薄片

可可千層

奶霜甘納許

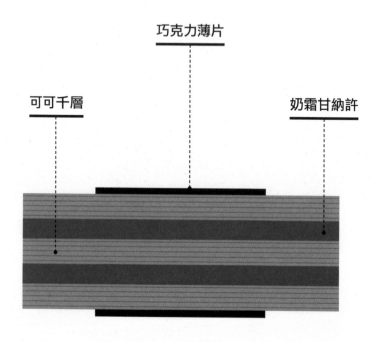

這是什麼？

反轉巧克力千層派皮和奶霜甘納許層層疊起，以巧克力裝飾。

製作所需時間

準備：3小時
烘烤：1小時
冷藏：2小時30分鐘
靜置：2小時

製作所需器材

攪拌缸，搭配攪拌勾和攪拌葉
巧克力用膠片
擠花袋裝10mm花嘴

變化

以克林姆奶油取代奶霜甘納許。

困難處

製作千層
組合千層派

製作所需技法

折疊擀平麵糰（見284頁）
擠花（見278頁）

建議

烘烤時或派皮膨脹過高，可取出壓上重物，放回烤箱續烤。

製作流程規劃

前兩天：水麵糰－奶油麵糰
前一天：兩次單折－甘納許
當天：兩次雙折－靜置－烘烤－
填餡

… 動 手 做 …

1 和 2

3

4

可製作8-10個千層派

1 反轉千層麵糰

水麵糰
水170公克
鹽15公克
白醋10公克
麵粉360公克

奶油麵糰
奶油450公克
麵粉125公克
無糖可可粉20公克

2 焦糖化

糖粉50公克

3 奶霜甘納許

牛奶250公克
蛋黃60公克（蛋黃3到4個）
糖60公克
可可含量66%調溫黑巧克力300公克

4 裝飾

可可含量66%調溫黑巧克力300公克
美可優®可可脂3公克

製作千層派

1. 製作可可反轉千層麵糰（見54頁）。

2. 隔天製作奶霜甘納許（見42頁）備用。

3. 組裝當天，千層麵糰擀至30×40公分的長方形，厚度0.2-0.3公分，冷藏鬆弛30分鐘。烤箱預熱至170℃。派皮放上鋪烘焙紙的烤盤。派皮上另鋪一張烘焙紙，蓋上另一個烤盤，放入烤箱烘烤30至40分鐘。靜置冷卻。

4. 用鋸齒刀修去兩端派皮，使形狀工整，接著將派皮沿寬邊切成三份長條形，然後再切成寬3×10公分的長方形。烤箱預熱至220℃。撒上糖粉，放入烤箱烘烤5到10分鐘，要不時注意焦糖化程度。完成均勻的焦糖化後，取出烤箱，靜置冷卻。

5. 取一片長方形派皮，擠上並排的甘納許長條（見278頁），放上第二片長方形派皮，再度擠上甘納許，放上一片長方形派皮即完成。以同樣方式組裝長方形派皮和甘納許。

6. 調溫巧克力和美可優®可可脂預結晶（見30頁）。巧克力用膠片條剪成6公分寬。抹上調溫巧克力，剪成8公分長。千層派側片立起放在巧克力中央，並將兩端往派皮折起。冷藏至少2小時。食用前撕去膠片。

熔岩巧克力

大解密

Comprendre

香軟黑巧克力

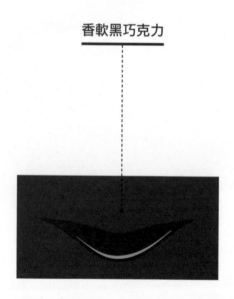

這是什麼？

短時間烘烤的巧克力小蛋糕，保留幾乎未熟的液態內芯。

製作所需時間

準備：15分鐘
烘烤：8至12分鐘

製作所需器材

7公分圈模5個

變化

白巧克力熔岩蛋糕：烘烤前在麵糊中塞入一塊白巧克力。

困難處

熟度

製作所需技法

圈模圍烘焙紙（見277頁）
隔水加熱（見276頁）

建議

若周圍感覺不夠熟，可放回烤箱續烤數分鐘。

訣竅

使用鋁製圈模，因為鋁的導熱速度較快，能更快烤熟，也較容易脫模。若使用鋁製圈模，就不需要塗少許奶油後鋪烘焙紙防沾。圈模先塗奶油有助於固定烘焙紙。

可製作5個熔岩巧克力蛋糕

奶油150公克
可可含量66%調溫黑巧克力150公克
糖粉110公克
麵粉40公克
全蛋150公克（蛋3個）

1. 烤箱預熱至180°C。圈模鋪烘焙紙：塗少許奶油，烘焙紙裁剪至略大於圈模高度，周長較圈模多1公分。每個圈模放入烘焙紙。

2. 隔水加熱巧克力和奶油（見276頁）。蛋液放入調理盆攪打，粉狀材料倒入調理盆的一側，以打蛋器少量多次混入攪拌，避免結塊。加入融化奶油和巧克力。

3. 混合均勻後，倒入鋪烘焙紙的圈模。

4. 烘烤至少8分鐘。中心的顏色會較深，有如眼珠，因為周圍烤熟，而中心仍呈現液態。

巧克力碎片餅乾

大解密

Comprendre

水滴巧克力　　　　　　　　餅乾麵糰

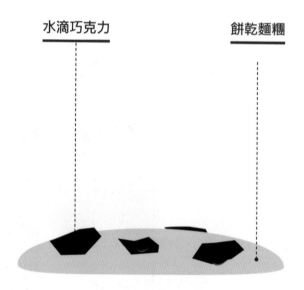

這是什麼？

加入水滴巧克力和堅果的沙布雷小點心。

製作所需時間

準備：15分鐘
烘烤：10分鐘
冷藏：2小時

製作所需技法
製作膏狀奶油（見280頁）

變化
以夏威夷果仁取代核桃。

製作流程規劃＆保存
麵糰－切片－烘烤
準備長條形麵糰，以保鮮膜包起，最多可冷凍保存3個月。

可製作24片餅乾

軟化奶油120公克
糖粉60公克
黃砂糖80公克
全蛋100公克（蛋2個）
鹽1公克
麵粉200公克
泡打粉2公克
水滴黑巧克力100公克
切碎核桃80公克

1. 奶油處理成膏狀（見280頁），加入糖粉和黃砂糖。以刀子切碎巧克力，加入稍微打散的蛋液。另取一個調理盆混合麵粉、泡打粉和鹽，將一半的粉狀材料倒入液體材料。混合均勻後，倒入其餘的粉狀材料，以及水滴巧克力和切碎核桃。

2. 麵糰整成直徑約6公分的長條形，以保鮮膜裹緊。冷藏2小時使其變硬。

3. 烤箱預熱至160℃。取出長條麵糰，切成1公分厚的圓片。放在鋪烘焙紙的烤盤上。

4. 烘烤約10分鐘。以手指觸碰時，邊緣是硬的但中心尚軟，即代表烤熟。取出烤盤，餅乾連烘焙紙一起放上工作檯，以免終止加熱。

BROWNIE
布朗尼

大解密
Comprendre

黑巧克力布朗尼

胡桃

開心果

杏仁

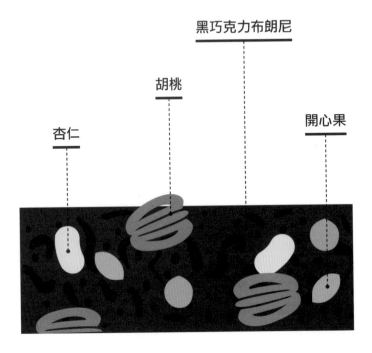

這是什麼？

加入堅果的濕潤巧克力蛋糕。

製作所需時間

準備：20分鐘
烘烤：20至30分鐘

製作所需器材

20×30公分烤盤

變化
以小紅莓、藍莓乾、腰果、夏威夷果仁等取代本食譜中的堅果。

困難處
熟度

建議
若用來製作多層蛋糕的底部，可延長烘烤時間15到20分鐘。

製作流程規劃＆保存
準備－烘烤
生麵糊以保鮮膜封緊，最多可冷凍保存3個月。

… 動 手 做 …

可製作16人份

基礎麵糊

奶油180公克
可可含量66%調溫黑巧克力100公克
全蛋150公克（蛋3個）
黃砂糖200公克
麵粉85公克

配料

水滴牛奶巧克力180公克
榛果40公克
杏仁40公克
無鹽開心果40公克
胡桃40公克

1. 烤箱預熱至170℃。奶油放入鍋中融化，然後放入黑巧克力，攪拌至混合均勻。

2. 稍微攪打蛋液和黃砂糖，倒入巧克力糊混合。篩入麵粉，混合均勻。

3. 水滴牛奶巧克力切碎，堅果切小塊。

4. 混合巧克力碎片和堅果，分數次加入布朗尼麵糊。

5. 麵糊倒入烤模，放入烤箱烘烤20至30分鐘。內芯必須保持半熟的膏狀。

GÂTEAU TRUFFÉ

松露巧克力蛋糕

大解密
Comprendre

巧克力麵糊

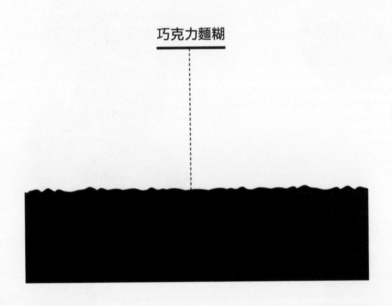

這是什麼？

濕潤柔滑的巧克力蛋糕。

製作所需時間

準備：20分鐘
烘烤：25分鐘

製作所需器材

直徑22公分慕斯圈模
攪拌缸搭配攪拌球

變化

麵糊加入水滴牛奶巧克力或水
滴白巧克力再倒入圈模。

製作所需技法

隔水加熱（見276頁）

建議

製作前1小時從冰箱取出奶油，
使其軟化至膏狀。注意巧克力
加入奶油時溫度不可過高。

可製作6至8人份

可可含量66%調溫黑巧克力250公克
軟化奶油250公克
糖125公克
全蛋200公克（蛋4個）
麵粉50公克

1. 隔水加熱巧克力（見276頁）。
   奶油和糖放入攪拌缸，以攪拌
   球混合至光滑濃稠。一次加入
   一顆蛋，以低速攪拌。

2. 加入麵粉。以低速攪拌混合，
   然後倒入融化巧克力，繼續以
   低速拌勻。

3. 烤箱預熱至180°C。慕斯圈模內
   側鋪烘焙紙，放在鋪烘焙紙的
   烤盤上，倒入麵糊。

4. 烘烤25分鐘。以刀尖刺入蛋
   糕，拉出時有些許沾黏即完
   成。

岩石磅蛋糕

大解密

Comprendre

杏仁碎粒淋面

糖漿

奶霜巧克力

巧克力磅蛋糕

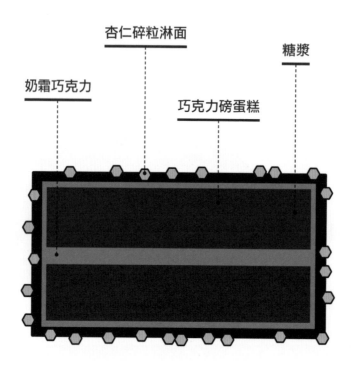

這是什麼？

巧克力磅蛋糕抹滿奶霜甘納許，裹上杏仁碎粒淋面。

製作所需時間

準備：1小時30分鐘
烘烤：40分鐘
靜置：2小時40分鐘

製作所需器材

16×16公分框模、刷子、抹刀
擠花袋裝12號花嘴
單排鋸齒花嘴

變化

完成麵糊時加入30公克蘭姆酒。

製作所需技法

隔水加熱（見276頁）
塗刷防沾巧克力（見273頁）
擠花（見278頁）
抹面（見279頁）

建議

蛋糕剛出爐時刷滿糖漿使其吸收，能讓整體更濕潤。

製作流程規劃

前一天：奶霜甘納許－浸漬用糖漿
當天：磅蛋糕－組裝－淋面

可製作8-10人份

1 奶霜甘納許

牛奶250公克
蛋黃50公克（蛋黃3至4個）
糖50公克
可可含量60%調溫黑巧克力150公克
零陵香豆1個

2 浸漬用糖漿

水80公克
糖40公克

3 巧克力磅蛋糕

全蛋250公克（蛋5個）
轉化糖漿75公克
糖125公克
杏仁粉75公克
麵粉120公克
無糖可可粉25公克
泡打粉8公克

液態鮮奶油（乳脂肪30%）120公克
奶油75公克
可可含量70%黑巧克力50公克

4 防沾用巧克力

可可含量66%黑巧克力50公克

5 杏仁碎粒淋面

可可含量66%黑巧克力300公克
牛奶巧克力260公克
杏仁碎粒160公克
葡萄籽油50公克

製作岩石磅蛋糕

1. 製作奶霜甘納許（見42頁），最後磨碎零陵香豆加入。製作浸漬用糖漿：水和糖煮至沸騰，一邊攪拌混合，靜置冷卻

2. 烤箱預熱至150°C。製作磅蛋糕：隔水融化奶油和巧克力（見276頁）。混合蛋液、轉化糖漿和糖，然後加入杏仁粉。麵粉、泡打粉和可可粉過篩，加入蛋糖杏仁麵糊拌勻。倒入液態鮮奶油，最後倒入融化奶油和巧克力混合均勻。倒入框模，烘烤約40分鐘。出爐靜置冷卻10分鐘，移除框模。

3. 用刷子沾取糖漿浸漬蛋糕。靜置至完全冷卻。以鋸齒刀切去蛋糕頂部數公釐，使高度均勻平整。

4. 蛋糕橫剖切成兩塊8×16公分的長方形。其中一塊翻面，刷上防沾巧克力（見273頁）。以矽膠刮刀稍微攪拌甘納許使其軟化。巧克力面朝下，取一半的甘納許裝入擠花袋（見278頁），以12號花嘴擠在蛋糕上。放上第二塊長方形蛋糕輕壓。

5. 其餘的甘納許填入裝單排鋸齒花嘴的擠花袋，擠滿蛋糕表面。蛋糕抹面（見279頁），然後用抹刀整理至光滑。冷藏2小時。

6. 製作杏仁碎粒淋面（見72頁）。網架下方墊烤盤，蛋糕放上網架，再從蛋糕的一端到另一端淋上淋面。靜置數分鐘，蛋糕放上盤子，冷藏至少30分鐘，即可享用。

CAKE MARBRÉ
大理石蛋糕

大解密
Comprendre

檸檬麵糊　　　　　　　　　　　可可麵糊

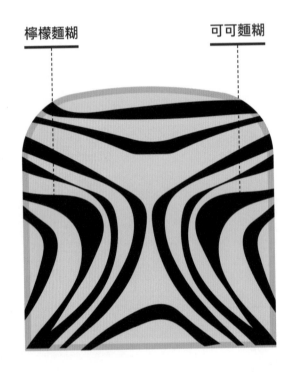

這是什麼？

香草或檸檬口味和巧克力口味組合而成的磅蛋糕。

製作所需時間

準備：45分鐘
烘烤：1小時

製作所需器材

30×8×8公分磅蛋糕模
擠花袋

製作所需技法

填裝擠花袋（見278頁）
擠花（見278頁）

建議

刀子浸少許液態油，在麵糊中央縱向劃開，可讓蛋糕在烘烤時更順利膨脹。

訣竅

用刀刃插入蛋糕中央確認熟度，拉出時刀刃不應沾黏麵糊。

可製作12人份

檸檬麵糊

全蛋100公克（蛋2個）
蛋黃60公克（蛋黃4個）
糖215公克
液態鮮奶油（乳脂肪30％）115公克
葵花油50公克
麵粉170公克
泡打粉4公克
檸檬3個

巧克力麵糊

全蛋50公克（蛋1個）
蛋黃30公克（蛋黃2個）
糖125公克
液態鮮奶油（乳脂肪30%）70公克
葵花油35公克
麵粉85公克
無糖可可粉20公克
泡打粉2公克

1. 製作檸檬麵糊：蛋和糖放入攪拌缸混合，加入液態鮮奶油、葵花油。

2. 麵粉和泡打粉過篩，加入檸檬皮絲。以打蛋器混合後，將粉狀材料倒入步驟1。混合均勻後填入擠花袋（見278頁）。

3. 製作巧克力麵糊：蛋和糖放入攪拌缸混合，加入液態鮮奶油、葵花油。麵粉、泡打粉和可可粉過篩。以打蛋器混合後，將粉狀材料倒入步驟蛋奶糊，混合均勻後填入擠花袋。

4. 烤箱預熱至160°C。磅蛋糕模鋪烘焙紙防沾，模具底部以擠花袋填入230公克檸檬麵糊（見278頁），然後中央填入200公克巧克力麵糊。再度填入230公克檸檬麵糊，中央填入200公克巧克力麵糊。最後擠上檸檬麵糊。烘烤1小時即可。

TIGRÉS
虎紋蛋糕

大解密
Comprendre

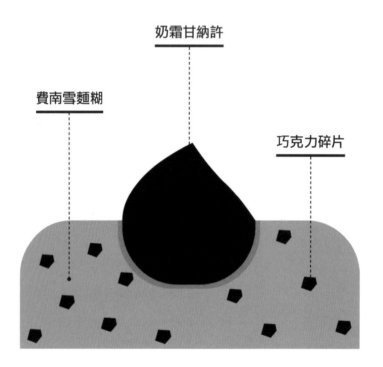

奶霜甘納許

費南雪麵糊

巧克力碎片

這是什麼？

以杏仁粉和巧克力碎片製成的濕潤蛋糕，填入奶霜甘納許。

製作所需時間

準備：30分鐘
烘烤：20分鐘
靜置：24小時

製作所需器材

直徑6公分的獨立薩瓦蘭模具6個
擠花袋

困難處
奶油的加熱程度

製作流程規劃
前一天：甘納許－費南雪麵糊
當天：烘烤－填餡

可製作6個

費南雪麵糊

糖粉120公克
杏仁粉60公克
麵粉40公克
奶油100公克
蛋白110公克（蛋白4個）
黑巧克力碎片80公克

奶霜甘納許

牛奶125公克
蛋黃25公克（蛋黃2個）
糖25公克
可可含量60%黑巧克力125公克

1. 製作奶霜甘納許（見42頁），保鮮膜直接貼附表面，冷藏至使用前。糖粉、杏仁粉和麵粉放入調理盆混合。製作榛果奶油（見280頁），立即倒入粉料，混合均勻。

2. 少量多次加入蛋白，冷卻後加入巧克力碎片。保鮮膜直接貼附麵糊表面，冷藏鬆弛一晚。

3. 充分鬆弛後，使用前30分鐘將麵糊從冰箱取出，使其回溫軟化。烤箱預熱至170℃。用擠花袋將麵糊填入薩瓦蘭模具（見278頁）。烘烤20分鐘至蛋糕呈淡金色，降溫後脫模。

4. 蛋糕完全冷卻後，在中央填入奶霜甘納許。

MADELEINES
瑪德蓮

大解密
Comprendre

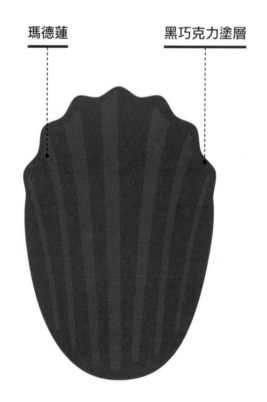

瑪德蓮　　　　　　　黑巧克力塗層

這是什麼？

濕潤膨起的小蛋糕，一部分塗上黑巧克力。

製作所需時間

準備：45分鐘
烘烤：8至15分鐘
靜置：24小時

製作所需器材

瑪德蓮多連模

溫度計
擠花袋

變化

在瑪德蓮麵糊中加入檸檬或柳橙皮絲增添香氣。
製作牛奶巧克力或白巧克力塗層。

困難處

讓麵糊充分鬆弛

製作所需技法

使用美可優®可可脂預結晶巧克力（見30頁）

建議

牛奶－葡萄糖－香草－奶油倒入瑪德蓮麵糊時溫度不可過高，以免影響泡打粉作用。

訣竅

使用美可優®可可脂適合快速預結晶少量巧克力。瑪德蓮冷凍15分鐘後較容易脫模。

製作流程規劃

前一天：瑪德蓮麵糊
當天：烘烤－塗層

可製作10個瑪德蓮

瑪德蓮麵糊

奶油50公克
牛奶25公克
葡萄糖25公克
香草莢1根
全蛋100公克（蛋2個）
糖75公克
植物油25公克
麵粉125公克
泡打粉3公克

塗層

可可含量66%調溫黑巧克力200公克
美可優®可可脂2公克

1. 牛奶、剖開刮籽的香草莢、葡萄糖放入鍋中加熱。沸騰時熄火，取出香草莢，加入奶油，混合均勻。

2. 蛋和糖放入調理盆攪拌至整體略帶蓬鬆感。加入植物油，再放入步驟1的材料及過篩的麵粉和泡打粉。保鮮膜直接貼附麵糊表面，冷藏鬆弛一晚。

3. 烤箱預熱至210℃。以膏狀奶油塗抹烤模。每一格模具中央擠入核桃大的麵糊（見278頁），在距離邊緣0.5公分處停止。

4. 放入烤箱，溫度調降至180℃。視瑪德蓮的大小，烘烤8到15分鐘至呈現淡金色。出爐後立刻脫模放在網架上。

5. 使用美可優®可可脂預結晶塗層的調溫巧克力（見30頁）。徹底清潔瑪德蓮模具，用棉布擦拭乾淨。以擠花袋填入巧克力至三分之二滿。放入瑪德蓮，輕輕加壓使巧克力上升至模具邊緣。其他瑪德蓮重複此步驟。靜置室溫至少2小時。

MOUSSES
慕斯

大解密
Comprendre

黑巧克力慕斯

巧克力屑

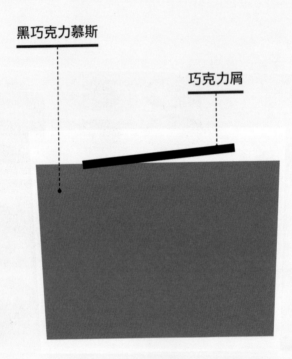

這是什麼？

以巧克力、鮮奶油和法式蛋白霜製作，質地輕盈。

製作所需時間

準備：30分鐘
冷藏：至少6小時

製作所需器材

電動打蛋器／桌上型攪拌器
4至5個小缽

變化

巧克力中可加入香檸檬皮絲。

製作所需技法

隔水加熱（見276頁）

建議

蛋黃不可直接接觸巧克力，以免巧克力凝結，導致結塊。提前15至20分鐘從冰箱取出慕斯，回溫後享用。

製作流程規劃&保存

前一天：慕斯
當天：裝飾－享用
裝入小缽以保鮮膜封緊的慕斯最多可冷凍保存3週。

可製作4-5份慕斯

基底

可可含量66%調溫黑巧克力250公克
液態鮮奶油（乳脂肪30%）100公克
蛋黃30公克（蛋黃2個）

法式蛋白霜

蛋白180公克（蛋白6個）
糖40公克

裝飾

可可含量66%調溫黑巧克力200公克

1. 隔水加熱巧克力（見276頁）
   ，鮮奶油加溫。巧克力移開熱
   水，鮮奶油倒入巧克力，充分
   攪拌混合至乳化。

2. 製作法式蛋白霜（見69頁）。
   取三分之一蛋白霜加入巧克力
   糊，以打蛋器快速攪拌。

3. 加入蛋黃，以打蛋器混合。加
   入其餘的蛋白霜，用打蛋器輕
   輕混合。最後以矽膠刮刀完成
   混拌。

4. 慕斯糊裝入小缽，冷藏至少6小
   時，隔夜更佳。製作巧克力屑
   （見38頁）。享用前撒上巧克
   力屑。

MARQUISE
女爵巧克力蛋糕

大解密
Comprendre

巧克力糊　　　　　　　可可粉

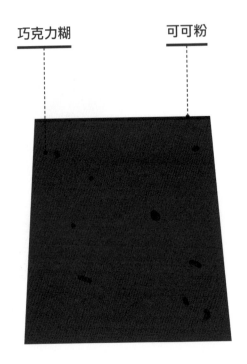

這是什麼？

以巧克力製成的免烤蛋糕，口感十分濃郁。

製作所需時間

準備：30分鐘
靜置：24小時

製作所需器材

20×8×8公分磅蛋糕模
抹刀

製作所需技法
隔水加熱（見276頁）

建議
可搭配香草英式蛋奶醬或咖啡享用。

製作流程規劃
前一天：製作
當天：享用

可製作8-10人份

蛋糕基底

可可含量66%調溫黑巧克力350公克
奶油175公克
蛋黃60公克（蛋黃4個）

法式蛋白霜

蛋白120公克（蛋白4個）
糖65公克

裝飾

無糖可可粉30公克

1. 烤模鋪烘焙紙防沾。提前從冰箱取出奶油，使其軟化至膏狀。隔水融化巧克力（見276頁）。

2. 膏狀奶油分三次加入巧克力，以打蛋器攪拌至整體質地均勻。

3. 製作法式蛋白霜（見69頁）。取三分之一蛋白霜加入奶油－巧克力糊，以打蛋器快速攪拌。加入蛋黃，用打蛋器充分混合。

4. 加入其餘的蛋白霜，用打蛋器輕輕混合。最後以矽膠刮刀完成混拌。

5. 巧克力糊倒入烤模，視需要以抹刀整平表面，冷藏24小時。

6. 脫模放上展示盤，移除烘焙紙。食用前撒上可可粉。

CRÈME GLACÉE
冰淇淋

大解密
Comprendre

黑巧克力冰淇淋　　　　　　切碎的牛奶巧克力

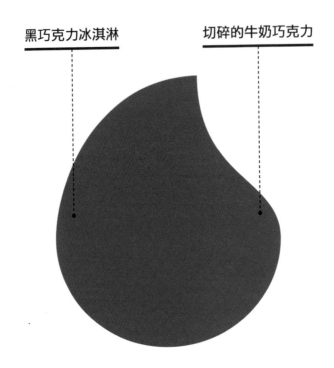

這是什麼？

濃郁的巧克力英式蛋奶醬，以冰淇淋機攪拌混入空氣並冰透。

製作所需時間

準備：30分鐘
冰淇淋機攪拌：約45分鐘
冷藏：24小時

製作所需器材

冰淇淋機
溫度計

困難處
英式蛋奶醬的熟度

製作所需技法
冰淇淋機攪拌（見269頁）
打發蛋黃（見281頁）

建議
蛋奶糊冷藏靜置一晚可讓風味熟成。
當天享用冰淇淋。
製作過程中加入冰淇淋安定劑可延長保存期限，保留濃滑質地。

製作流程規劃
前一天：巧克力英式蛋奶醬
當天：冰淇淋機攪拌

可製作1公斤

液態鮮奶油（乳脂肪30%）200公克
牛奶200公克
馬斯卡彭乳酪100公克
蛋黃100公克（蛋黃6到7個）
糖80公克
可可含量66%調溫黑巧克力200公克
配料
牛奶巧克力100公克

1. 製作英式蛋奶醬：牛奶和鮮奶油煮沸。同時間，蛋黃加糖打發至顏色變淺（見281頁）。牛奶和鮮奶油即將溢出時，將一半的奶液倒入打發蛋黃，以打蛋器攪拌。混合均勻後，蛋奶糊到回鍋中，以中火加熱，一邊不停攪拌，直到蛋奶醬可裹在木匙上，溫度最高為85℃。淋在巧克力上，靜候1分鐘，然後混合均勻。

2. 加入馬斯卡彭乳酪，混合均勻。倒入盒子，保鮮膜直接貼附表面，靜置冷卻，然後冷藏至隔天。

3. 用主廚刀切碎牛奶巧克力。依照冰淇淋機的說明，攪拌巧克力蛋奶醬。攪拌完成時加入牛奶巧克力碎片，繼續攪拌5分鐘即完成。

CHAPITRE 3
LE GLOSSAIRE ILLUSTRÉ
圖解專有名詞

用 具

1　打蛋器、矽膠刮刀、刮板

2　抹刀、木杓

3　鋸齒刮板、粗毛刷

4　刷具

5　鋸齒刀、主廚刀、廚房小刀

6　叉子、巧克力浸叉

7　擠花袋、花嘴

8　網架、烤盤

9　烘焙紙、Rhodoïd®塑膠圍邊、
　　巧克力用膠片

用具

1

2

3

4

5

6

7

8

1　磅秤、溫度計

2　調理盆

3　塔圈、切模

4　框模

5　樹幹蛋糕模、磅蛋糕模

6　電動攪拌器

7　果汁機

8　冰淇淋機

巧克力模具

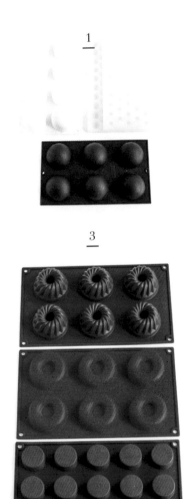

1

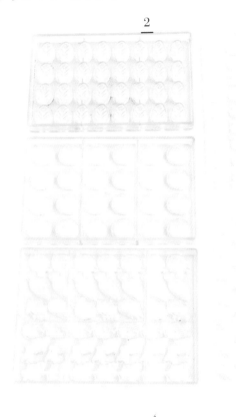

2

3

4

器材

1 矽膠半圓多連模

2 聚碳酸酯綜合造型多連模矽膠
　巴巴、甜甜圈、圓餅多連模

3 矽膠巴巴、甜甜圈、圓餅多
　連模

4 聚碳酸酯蛋形、母雞模

巧克力模具

1 避免留下痕跡

倒入巧克力前，以棉布擦拭模具，清除所有水氣或油脂痕跡。
拿取邊緣，不讓手部接觸模具。由於體溫高於巧克力使用時的溫度，若升溫會導致巧克力結晶後出現霜斑。

2 填裝模具

模具填滿巧克力，輕敲使氣泡浮出，翻轉倒去多餘巧克力，靜候數分鐘，重複上述步驟。

3 修整

巧克力開始凝固時，以鏟刀刮除表面多餘的巧克力，使邊緣光整。

4 脫模

輕輕扭轉模具，倒扣後輕敲邊緣。

5 黏合兩塊巧克力

隔水加熱一個烤盤，放上第一塊巧克力數秒使其融化，然後立即與第二塊巧克力黏合。靜置使其結晶。

巧克力製品

1 牛奶／杜斯／白巧克力

2 黑巧克力（60%、66%、70%）

3 生巧克力

可直接食用的「生」巧克力沒有經過烘烤。少了這道加溫手續，保留更多可可的成分，因此生巧克力的營養價值高於一般巧克力。

4 可可脂

可可豆的植物性脂肪，預結晶時用來讓巧克力較具流動性，使完成結晶的巧克力維持形狀。

5 美可優®可可脂

可可豆的植物性純油脂。這款可可脂完全沒有味道。

6 可可粉

7 可可碎粒

經烘烤壓碎的可可豆碎片。味道鮮明富苦味，用於增添風味和脆度。

8 調溫／巧克力磚

調溫巧克力是優質巧克力，有黑巧克力、牛奶和白巧克力，製成磚形、水滴或鈕扣，受專業人士、巧克力主廚和甜點主廚使用。巧克力磚則是黑巧克力、牛奶或白巧克力，包裝成每塊70至100公克的方形。

食譜中需要調溫和融化巧克力時，要選用調溫巧克力。其糖分較少，可可脂含量較高（至少31%）。融化後流動性較佳且濃郁，具備良好的覆蓋性。結晶後也能維持硬挺。巧克力磚適合直接品嘗，或是做為某些不需經過融化處理的巧克力裝飾。

巧克力專有名詞

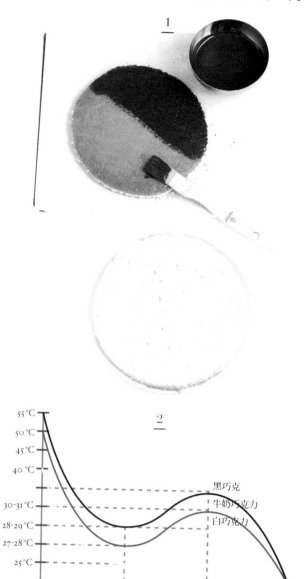

2

55°C
50°C
45°C
40°C
30-31°C
28-29°C
27-28°C
25°C

黑巧克
牛奶巧克力
白巧克力

4

1 塗刷防沾巧克力

防沾巧克力是一層薄塗在蛋糕上的巧克力，乾燥時會變硬，可避免蛋糕沾黏。使用一般的甜點巧克力，不要調溫。以隔水加熱法融化，倒在蛋糕上後以抹刀盡可能塗開。靜置使其變硬。組裝蛋糕時，巧克力面朝向烘焙紙。

2 結晶

結晶是巧克力中所含的油脂從液態變成固態的過程。變成固體後，油脂的分子會交錯疊合，賦予分子堅定穩固的結構。

可可脂（巧克力的油脂）主要成分是三酸甘油脂，依照不同的結晶溫度，最多可形成五種不同的結晶型態，每一種型態會在特定溫度下處於穩定。32°C時只會保留最穩定的第五種結晶（其他已融化）。三酸甘油脂會彼此接合。結晶時，不穩定的結晶整體會按照第五種結晶的形式排列，形成巧克力的最終面貌：充滿光澤且清脆。

調溫曲線

調溫黑巧克力：融化溫度：55-58°C／結晶溫度：28-29°C／使用溫度：31-32°C

調溫牛奶巧克力：融化溫度：45-48°C／結晶溫度：27-28°C／使用溫度：29-30°C

調溫白巧克力：融化溫度：45-48°C／結晶溫度：26-27°C／使用溫度：28-29°C

3 甘納許脫模

以噴槍稍微加熱框模外側，或是用溫熱的刀刃插入甘納許和框模之間劃一圈。

4 過濾淋面

使用錐形細目網篩過濾淋面，以濾去凝結的雜質。

巧克力的訣竅

1 製作擠花袋

取一張烘焙紙,切成長邊30公分和短邊20公分的直角三角形。捏住三角形底邊中間,直角朝右,將一個銳角往中央捲成圓錐弧形,做出尖端,轉到對向的尖角。對向尖角往圓錐內折,固定整體。尖端必須非常尖銳。圓錐擠花袋填裝至三分之一,將上方像牙膏包裝的末端般往下折,然後依照所需尺寸剪出尖端開口。

2 測量溫度

使用精準的溫度計,最好能顯示到小數點後一位,確保調溫巧克力的溫度,例如黑巧克力確實介於31和32°C之間。測量溫度時,讓溫度計位於測量物整體中

央,一邊混合,使溫度不再變動。

3 巧克力霜斑

導致此狀況的原因有好幾種:模具裡的濕氣,太快冷卻(連模具放入冰箱時就會產生霜斑),或是使用製作不佳的巧克力。使用調溫過的巧克力前,取一小片烘焙紙沾浸巧克力,放在工作檯上使其變硬。若幾分鐘後巧克力變硬且清脆,觸摸時不會立刻融化,即可使用。反之,則必須重新調溫。

4 巧克力太稠

很可惜,這樣的巧克力是無法恢復流動質地的。太稠的巧克力克用來製作甘納許或慕斯。

5 巧克力溫度過低、過度結晶

若溫度降低太多,很可能導致過度結晶:會產生不穩定的結晶使巧克力的質地不佳。

6 甘納許收縮

甘納許注模或披覆後,建議靜置10到12小時使其結晶,避免收縮,否則會產生空隙,不利保存。

7 衛生

製作巧克力的過程中避免洗手,以免將水混進調溫巧克力,導致霜斑和結塊。每次從隔水加熱取出調理盆時都要充分擦乾。

選擇巧克力

品嚐巧克力

選擇最合適的巧克力,可以參考:

可可含量%:

需含有至少30%可可

成分標示:

註明「純可可脂製」或「100%純可可脂」,可確保成品中不含可可脂以外的植物油添加物。

註明「來自」加上國家名稱,代表所使用的可可豆全部產自著名的原產國。

附有AB標章的巧克力遵守歐盟CE法規。這項法規表示農產品完全不使用殺蟲劑等化學物質,以有機方式生產。其中至少95%的原料必須來自有機農作。可可豆、可可脂、糖,以及其他用於製作有機巧克力的乳製品都必須遵守歐盟法規。

何處購買?

Bean To Bar

自家生產可可豆的手工巧克力。

巧克力磚

以80到200公克的巧克力磚形式在巧克力店販售。

調溫巧克力

在專門店或網路上販售,每袋1至3公斤。

保存

巧克力不可放入冰箱,必須存放在陰涼處。放在乾燥的地方,16和18℃之間最理想。

甘納許在製作完成後3週內必須食用完畢,巧克力磚可保存3到6個月。

基礎技法：製作過程中的手法

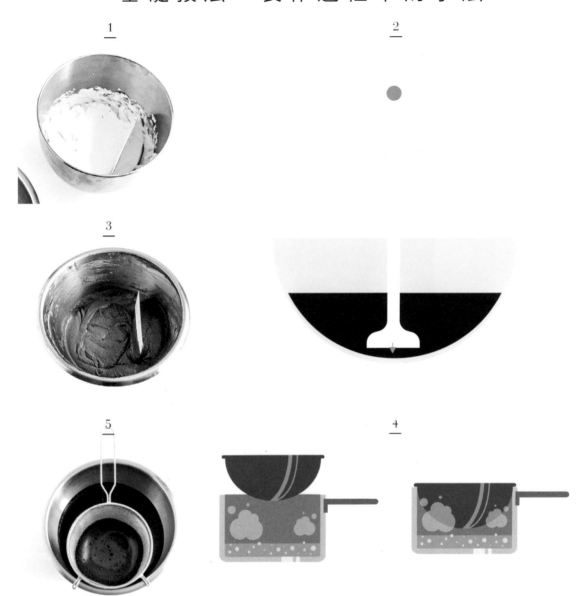

1 以矽膠刮刀混拌

取三分之一第一份混料（較軟）倒入第二份混料，使後者變軟。倒入其餘的三分之二，以矽膠刮刀混合，使整體均勻輕盈。

2 攪拌但不混入空氣

手持攪拌棒的刀片緊貼調理盆底，輕輕攪動，排出刀片部分的空氣，攪打時不可提起攪拌棒。

3 使用刮板

使用刮刀或刮板，刮下容器內壁沾黏物，盡量減少浪費原料。

4 隔水加熱

隔水加熱是以水蒸氣加熱物質，而非直接接觸熱源。食材受到的熱度較不猛烈，可溫和緩慢地融化。這麼做可避免巧克力燒焦，或是蛋液結塊。

準備一個大鍋和直徑大於鍋子的調理盆，讓調理盆放在鍋上時底部不會接觸到水。鍋中放水，加熱（但不可沸騰）。食材放入調理盆，調理盆放上鍋子。不可碰觸到水。

5 過濾

食材以網目較細的網篩或濾網過濾，確保流動性，並／或去除殘餘的固體。

基礎技法：準備工作

1 吉利丁泡水軟化

市售的吉利丁片是脫水狀態，必須重新吸收水分才能加入食材。如果吉利丁沒有充分吸水，就會吸收食材中的水分，使半成品缺乏水分，導致收縮。

吉利丁完全浸入裝滿冰水的大碗（吉利丁在低溫即會融化）。浸泡至少15分鐘。加入食材以打蛋器混合之前，在雙手間按壓去除多餘水分。

吉利丁可「黏結」食材，也就是賦予食材支撐性。在短時間內就能凝固。立即使用食材，使吉利丁發揮凝結作用，或是備用，使用前攪打恢復可工作的質地。

2 準備烤盤

雖然有不沾烘焙烤盤，不過大部分的烤盤還是需要準備一層防沾物：Silpat®矽膠烤墊或烘焙紙。矽膠烤墊非常適合製作巧克力，卻不適合烘烤泡芙。烘焙紙很實用，但是較不穩定，四個角落必須以曬衣夾或加上重量固定。先擠花，待烘焙紙上的麵糊足以壓住紙張後再移除重量。

3 圈模鋪烘焙紙

圈模塗少許奶油。烘焙紙裁剪成寬度略大於圈模高度、比週長多1公分的帶狀。烘焙紙放入圈模貼緊內壁，然後倒入欲烘烤的食材。

4 RHODOÏD®塑膠圍邊

Rhodoïd®是柔軟的塑膠圍邊。將Rhodoïd®裁剪成寬度略大於圈模或框模高度。每個圈模放入Rhodoïd®，倒入需冷藏凝固的食材。Rhodoïd®可防止多層蛋糕沾黏圈模，也能更容易脫模，並且預防氧化。

5 準備淋面

網架下墊烤盤，欲淋面的食材放上網架。淋上淋面。以抹刀刮整表面，去除多餘淋面。保留剩下的淋面另做其他用途。

基礎技法：擠花

1 擠花

可使用無花嘴的擠花袋，確實在塔皮中填入內餡，或是製作大尺寸圓底的同時保留食材的厚度均勻。搭配花嘴，擠花袋就能在精確度之外，賦予食材特定的形狀。

垂直握取擠花袋，擠出圓片或圓頂，傾斜握取則能擠出閃電泡芙。用一隻手加壓，另一隻手則負責穩定和引導擠花袋的方向。手中的食材份量不夠時，將內容物推往下方，然後擠花袋轉動90度。

2 填裝擠花袋

推入花嘴，然後在擠花袋決定洞口剪開的程度。注意裁剪的方式要讓花嘴能夠確實固定。拿起花嘴，剪出洞口。擠花袋下方扭轉然後塞進花嘴，以免填裝時麵糊流出。袋口反折到握取擠花袋的手上。以矽膠刮刀挖取麵糊，在拿取擠花袋的手邊刮下麵糊，使其填進袋子。最多填裝至三分之二，以免溢出擠花袋。拉起反折的袋口，旋轉90度，同時將麵糊推往花嘴。拉扯花嘴以取下蓋子，轉動擠花袋使麵糊下降。

3 基準圖示

使用基準圖示做為指示，就可做出一致的擠花。用鉛筆在烘焙紙上畫出欲製作的圓圈尺寸，交錯排列。翻片後擠花。

基礎技法：完工

1

3

+

2

1 螺旋擠花

從中心開始擠花，盡可能保持擠出的力道速度不變，麵糊之間不可留下間隙或重疊。

2 擠花抹面

擠花袋裝單排鋸齒花嘴，擠滿甜點表面。

3 樹幹蛋糕淋面

網架下方墊烤盤，蛋糕放上網架。從蛋糕的一端開始倒淋面，同時慢慢往另一端移動。輕輕搖晃網架，去除多餘淋面。

+ 覆蓋巧克力屑

甜點擠滿糊狀物後，放入巧克力屑中滾動，重複數次。

原料：鮮奶油、奶油

5

2

3

6

鮮奶油

1 產品

鮮奶油一般是指牛乳製成的產品，1公斤鮮奶油含有至少300公克脂肪（30%）。

鮮奶油分成數種：生乳鮮奶油（未經任何處理）、巴氏殺菌（加熱至80°C），或是高溫殺菌（經高溫處理）。形式有液態的，也有加入乳酸菌發酵的濃稠狀鮮奶油。甜點師和巧克力師使用30%鮮奶油，因為乳脂肪可幫助鮮奶油打發，也帶來風味。鮮奶油可和融化巧克力攪拌乳化以製作甘納許，增添濃郁度和細緻口感。

2 打發鮮奶油

我們常常會將「打發」或「發泡」狀態的鮮奶油加入食材，使整體更輕盈。

快速攪打鮮奶油，直到體積變成兩倍。在氣泡周圍結晶的乳脂肪使得打發鮮奶油在充滿空氣感的同時又保有挺度。可使用裝攪拌球的桌上型攪拌器、裝刀片的食物調理機，或是手持電動打蛋器。

3 鮮奶油打發至緊實

完成打發時，以大動作攪打鮮奶油，使整體均勻滑順，鮮奶油會變成霧面。

奶油

4 產品

奶油以牛乳製成，脂肪含量約為82%，能增添風味、濃郁度，以及酥鬆質地。

5 膏狀奶油

軟化後攪拌至膏狀的奶油，尚未加入其他食材。膏狀奶油可避免結塊，並增添濃郁感。

奶油切小塊，靜置室溫或以極低溫度加熱（不可融化）軟化，然後以木杓或打蛋器攪拌。

6 榛果奶油

奶油放入鍋中，以四分之一的火力加熱。奶油不再發出滋滋聲，也就是不再發出劈啪聲響時，即完成榛果奶油，會呈現淡淡的「榛果」色澤。顏色和風味來自酪蛋白（奶油中的蛋白質）。

原料：蛋

蛋

1 產品
製作甜點時，最好將每顆蛋秤重。蛋白含有蛋白質，蛋黃含有脂肪。

2 換算
新鮮雞蛋：50公克
蛋白：30至35公克
蛋黃：15至20公克

3 打發蛋黃
蛋黃和糖攪打至質地蓬鬆，體積會變成兩倍。均值化的步驟需要數分鐘，使用電動打蛋器能較快完成。

4 蛋白打發至緊實
使用裝攪拌球的桌上型攪拌器或手持電動打蛋器，將蛋白打發至乾性發泡。打發完成時，以大動作快速攪打片刻，讓蛋白更光滑堅韌。此步驟可加入少許糖粉。

5 蛋奶糊打發至可畫出緞帶程度
蛋黃：混合蛋黃和糖。質地必須滑順均勻，麵糊從木杓落下時必須呈帶狀，不會中斷。麵糊落下的狀態有如緞帶蜿蜒折疊。
蛋白：馬卡龍的外殼麵糊充分攪拌時，就會呈現緞帶狀。

6 上色
烘烤時刷上蛋液，使麵糰呈金黃色。可使用全蛋、蛋黃，或是全蛋加蛋黃，也可加入牛奶。以叉子攪打，然後用刷子塗在麵糰上。靜置乾燥，視需要在烘烤前重複塗刷。

原料：糖、蜂蜜

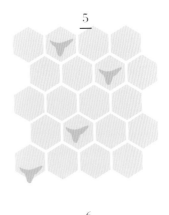

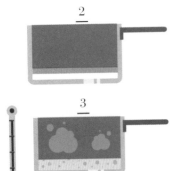

糖

1 產品

糖可以突顯香氣，帶來香脆感，餵養發酵麵糰的酵母，並讓蛋糕在烘烤時上色。

白糖：粉狀精製糖，一般用於製作甜點。

糖粉：精磨成粉狀的粉狀白糖，並加入澱粉，避免結塊。

黃砂糖：直接從甘蔗萃取的粗糖。

初階細金砂糖：甜菜根或甘蔗精製後，殘留糖漿製成的糖。

2 製作糖漿

使用潔淨乾燥的器具。秤重水和糖，輕輕倒入鍋中，不攪拌。以沾水的刷子清潔噴濺到鍋子內壁的糖液。以中火加熱，注意熟度。

3 製作焦糖

依照用途，製作焦糖的方法有好幾種。

傳統焦糖是以水和糖製成，用於糖飾與泡芙淋面。

乾式焦糖不使用水，可為部分食材增添香氣，風味較濃郁。

4 吸飽糖漿（或風味糖液）

用刷子浸入糖漿，塗刷蛋糕使其濕潤。蛋糕必須完全吸飽但又不能變得軟爛。手指輕壓蛋糕時，會略微冒出糖漿。

5 蜂蜜

蜂蜜來自蜂巢的天然產物，除了特有的風味，還具有出色的甜度。

6 轉化糖漿

等量葡萄糖和果糖的混合物。可在部分食譜中取代糖，因為轉化糖漿可維持柔軟滑順，不會結晶。

7 葡萄糖

無色穠稠的糖漿，以玉米澱粉或馬鈴薯澱粉製成。可在加熱時避免糖的結晶。主要用於淋面。

原料：水果、香料

1 烘烤堅果

烤盤鋪烘焙紙。依照堅果的大小，以170°C烘烤15至25分鐘。此步驟可提升堅果的香氣。

2 製作果乾

水果切薄片。烤箱預熱至90°C，烤盤鋪矽膠烤墊，放讓水果片，烘烤1小時30分鐘到2小時，期間須翻面，注意乾燥程度。

3 柑橘皮絲

柑橘果皮的有色部分，具有強烈酸味。介於外果皮和果肉之間的白色內果皮帶有苦味，不可取用此部分。

4 金飾

可食用黃金，製作成金粉、金箔粉或金箔。以刷子施加，沒有味道，可讓裝飾顯得高雅精緻。

5 食用色素

脂溶性粉末（可溶於脂肪），通常與調溫白巧克力混合，分成兩次加入，間隔3分鐘，使其充分顯色。

祕訣：麵糰

1 擀麵糰（擀平）

擀出厚薄均勻塔皮：在麵糰兩側各放一根筷子，擀至擀麵棍碰到筷子。

擀開麵糰：以擀麵棍輕壓，以每次數公釐的方式擀平。

擀麵糰時，若麵糰難以在工作檯上移動，表示工作檯需要再度撒粉（撒上一層薄薄的麵粉）。

2 鋪塔皮

以擀麵棍捲起塔皮，放在塗奶油的塔圈攤開上，注意不可在塔皮上施壓，切去可能會妨礙入模的多餘塔皮。用一隻手拿起塔皮邊緣，使塔皮沿著塔圈下降落入，另一隻手則小心地讓塔皮下沉至在工作檯和塔圈之間形成直角。用拇指輕壓邊緣的塔皮，但不可留下指紋，使塔皮緊貼塔圈。

使用（無底）塔圈，如此便可從底部觀察熟度，尤其是水果塔，常常水果看起來已經熟了，但是塔皮尚未烤透。

3 切去多餘塔皮

廚房小刀平放在塔圈上，慢慢切去多餘塔皮，或用擀麵棍滾壓塔圈即可去除。

4 壓揉

以手掌按壓使整體均勻。重複一到兩次。

5 搓揉

冰涼奶油切丁放入麵粉，以指尖搓揉，然後放在雙手間搓動，直到整體變成細沙狀。

6 刻花

用刀尖在塔皮上製作裝飾，但不刺穿塔皮。

祕訣：馬卡龍 & 泡芙

1

3

2

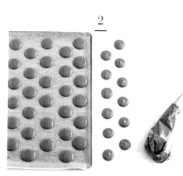

4

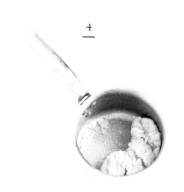

5

6

1 混拌馬卡龍麵糊

這個步驟是使用刮板或矽膠刮刀混合義式蛋白霜和杏仁麵糊。一口氣將三分之一蛋白霜倒入杏仁麵糊，使整體變鬆軟。接著輕輕拌入其餘的蛋白霜，以切拌方式混合均勻。

2 馬卡龍擠花

垂直握取擠花袋，施壓擠出圓片。不可抬起擠花袋，花嘴必須和烤盤維持1公分的距離。擠花袋轉動90度即可切斷麵糊。

3 烘烤與保存

外殼短時間（約12分鐘）低溫（150℃）即可烤熟。

填餡後的新鮮馬卡龍建議靜置24小時，形成滲透：甘納許惠為外殼增添風味，並且使其更濕潤。

外殼或填入甘納許的馬卡龍，烘烤後裝入包保鮮膜的密封盒，可以冷凍保存最多3個月。

4 泡芙麵糊與收乾糊化

加入蛋液製作泡芙蛋糕：整體均勻時，將麵糊在鍋底壓平，加熱但不攪拌。讓麵糊黏在鍋底，開始發出劈啪聲響時，搖動鍋子查看鍋底，若鍋底出現均勻的薄膜，表示麵糰已收乾糊化。

5 脆皮

可確保泡芙維持渾圓、形狀均勻，並且增添香脆口感的酥粒。切成圓片，放在烘烤前的泡芙麵糊上。

6 泡芙擠花

烤盤鋪烘焙紙或防沾烤墊。

泡芙：使用8mm花嘴，垂直對準烤盤，距離1公分高。擠出直徑3公分的圓片。擠花袋轉動90度，即可切斷麵糊，同時保留泡芙厚度。

閃電泡芙：使用14mm花嘴。擠花袋傾斜與烤盤呈45度。力道均勻地擠花，快速移動擠花袋。切斷麵糊的方式同圓形泡芙。

食 譜 目 錄

食材索引

看圖學巧克力

調溫・塑形・裝飾

圖解巧克力技巧全書

作者梅蘭妮・杜普 Mélanie Dupuis & 安・卡佐 Anne Cazor
譯者韓書妍
攝影皮耶・加維爾 Pierre Javelle
插圖亞尼斯・瓦胡奇科斯 Yannis Varoutsikos
主編趙思語
責任編輯黃雨柔
封面設計羅婕云
內頁美術設計李英娟

發行人何飛鵬
PCH集團生活旅遊事業總經理暨社長李淑霞
總編輯汪雨菁
行銷企畫經理呂妙君
行銷企劃專員許立心

出版公司
墨刻出版股份有限公司
地址：台北市104民生東路二段141號9樓
電話：886-2-2500-7008／傳真：886-2-2500-7796
E-mail：mook_service@hmg.com.tw
發行公司
英屬蓋曼群島商家庭傳媒股份有限公司城邦分公司
城邦讀書花園：www.cite.com.tw
劃撥：19863813／戶名：書虫股份有限公司
香港發行城邦（香港）出版集團有限公司
地址：香港灣仔駱克道193號東超商業中心1樓
電話：852-2508-6231／傳真：852-2578-9337
製版・印刷漾格科技股份有限公司
ISBN978-986-289-736-2・978-986-289-738-6（EPUB）
城邦書號KJ2064 **初版**2022年7月
定價800元
MOOK官網www.mook.com.tw
Facebook粉絲團
MOOK墨刻出版 www.facebook.com/travelmook
版權所有・翻印必究

國家圖書館出版品預行編目資料

看圖學巧克力：調溫.塑形.裝飾,圖解巧克力技巧全書/梅蘭妮.杜普(Mélanie
Dupuis)作；韓書妍譯. -- 初版. -- 臺北市：墨刻出版股份有限公司出版：英
屬蓋曼群島商家庭傳媒股份有限公司城邦分公司發行, 2022.07
288面；19×26公分. -- (SASUGAS；64)
譯自：Le grand manuel du chocolatier et vos rêves chocolatés
deviennent réalité
ISBN 978-986-289-736-2(平裝)
1.CST: 巧克力 2.CST: 點心食譜
463.844　　　　111009074